普通高等教育"十二五"规划教材（高职高专教育）

液压与气压传动（第二版）

主 编 罗 蓉
副主编 王亚青 王小萍 邓唯一
　　　 万江丽
编 写 丁 岩 熊 震 蔡德玲
主 审 徐从清

U0264665

中国电力出版社
CHINA ELECTRIC POWER PRESS

内 容 提 要

本书为普通高等教育"十二五"规划教材(高职高专教育)。本书共十一章,主要内容包括液压传动基础知识,液压动力元件,液压执行元件,液压辅助元件,液压控制元件及应用,液压基本回路,典型液压系统,液压系统的安装、使用及维护,液压伺服系统,气压传动,气动系统的安装、使用及维护。本书以液压为主,气动为辅,注重内容的实用性与针对性。本书提供电子课件,可联系主编索取,电子邮箱 luorongying@163.com。

本书可作为高职高专院校机电类专业液压与气压传动课程的教材,也可供其他院校师生和工程技术人员参考使用。

图书在版编目(CIP)数据

液压与气压传动/罗蓉主编. —2 版. —北京:中国电力出版社,2013.1(2016.1 重印)

普通高等教育"十二五"规划教材. 高职高专教育
ISBN 978 - 7 - 5123 - 3733 - 6

Ⅰ. ①液… Ⅱ. ①罗… Ⅲ. ①液压传动—高等职业教育—教材②气压传动—高等职业教育—教材 Ⅳ. ①TH137 ②TH138

中国版本图书馆 CIP 数据核字(2012)第 270619 号

中国电力出版社出版、发行

(北京市东城区北京站西街 19 号 100005 http://www.cepp.sgcc.com.cn)
北京丰源印刷厂印刷
各地新华书店经售

*

2008 年 5 月第一版
2013 年 1 月第二版 2016 年 1 月北京第六次印刷
787 毫米×1092 毫米 16 开本 12.5 印张 302 千字
定价 22.50 元

前　言

　　本书是在第一版的基础上修订而成的。第一版教材自 2008 年 5 月出版以来，深受广大读者好评。在第二版修订过程中，编者吸取了原教材在教学实践中使用的经验，并广泛听取有关院校师生的意见，对原书的部分内容进行了增、删或改写。例如，在第七章典型液压系统中增加了起重机液压传动系统的内容，使之更好地满足不同专业的教学要求等；同时，对第一版插图进行了调整和更换，使图面更加清晰，图文更加协调。

　　本书以液压为主，气动为辅。在内容组织上，结合职业教育特点，本着"适用、适教、适学"的原则，突出重点章节，力求简洁易懂，并为此在编写方式上，做了一些有益的尝试。例如，降低液压流体力学基础知识的理论难度，删减气动理论知识；打破先元件后回路的传统格局，对每种液压控制阀在讲清结构原理的基础上，均重点系统地介绍了其应用，并巧妙地将涉及的基本回路穿插进去，使知识及时得到深化和巩固；在液压基本回路部分，注意对常用基本回路进行系统归纳；将液压及气压系统常见故障产生原因及排除方法安排在附表中，方便教学时取舍。本教材配有电子教案，方便教学。在章节之后附有本章小结、复习思考题及习题。本书提供电子课件，可联系主编索取，电子邮箱 luorongying@163.com。

　　本书的前言、第五章、六章由三峡电力职业学院罗蓉编写；第一章的一、二节和第十一章由三峡电力职业学院邓唯一编写；第一章的三、四、五、六节和第二章、第三章由武汉电力职业技术学院王小萍编写；第四章由三峡电力职业学院万江丽编写；第七章至第十章及附录由保定电力职业技术学院王亚青编写；三峡电力职业学院的丁岩、熊震、蔡德玲也参加了部分章节的编写工作。全书由罗蓉任主编，由王亚青、王小萍、邓唯一、万江丽任副主编。

编　者

2012 年 10 月

第一版前言

　　本书以液压为主，气动为辅。在内容组织上，结合职业教育特点，本着"适用、适教、适学"的原则，不强调学科的完整性和系统性，而是注重于内容的实用性与针对性，突出重点章节，力求简洁易懂，并为此在编写方式上做了一些有益的尝试。例如，降低液压流体力学基础知识的理论难度，删减气动理论知识；打破先元件后回路的传统格局，对每种液压控制阀在讲清结构原理的基础上，均重点系统地介绍了其应用，并巧妙地将涉及的基本回路穿插进去，使知识及时得到深化和巩固，有利于课堂教学；在液压基本回路部分，注意对常用基本回路进行系统归纳；将液压及气压系统常见故障产生原因及排除方法安排在附录中，方便教学时取舍。各章节之后附有本章小结、复习思考题及习题，帮助学生复习巩固。

　　全书共分十一章，前九章为液压传动，后两章为气压传动。液压传动部分，主要介绍了液压传动基础知识，液压动力元件，液压执行元件，液压辅助元件，液压控制元件及应用，液压基本回路，典型液压系统，液压系统的安装、使用及维护，液压伺服系统等内容。气压传动部分，主要介绍了气压传动，气动系统的安装、使用及维护等内容。本书中的液压与气动元件图形符号全部采用新的国家标准（GB/T 786.1—1993）。

　　本书的前言、第五章、第六章由三峡电力职业学院罗蓉编写；第一章的一、二节和第十一章由三峡电力职业学院邓唯一编写；第一章的三、四、五、六节和第二章、第三章由武汉电力职业技术学院王小萍编写；第四章由三峡电力职业学院万江丽编写；第七章至第十章及附录由保定电力职业技术学院王亚青编写；三峡电力职业学院的丁岩、熊震、蔡德玲也参加了部分章节的编写工作。全书由罗蓉任主编，由王亚青、王小萍、邓唯一、万江丽任副主编。

　　本书由平顶山工业职业技术学院的徐从清主审，并提出了宝贵的意见。在本书的编写过程中，得到了有关部门和兄弟院校的大力支持，在此表示衷心的感谢。

　　由于编者水平所限，书中错误在所难免，恳请广大读者批评指正。

编　者

2008 年 2 月

目　　录

第一章　液压传动基础知识

第一节　液压传动概述

一切机械都有其相应的传动机构以传递和控制动力。机械常用的传动方式有机械传动、电气传动、流体传动等。其中，流体传动根据工作介质的不同，分为气体传动和液体传动两种形式，液体传动又包括利用液体压力能的液压传动和利用液体动能的液力传动。本章介绍液压传动的基本知识。

一、液压传动及发展简介

所谓液压传动，是以液体为工作介质，利用液体的压力能来传递和控制动力的一种传动方式。它通过液压泵，将电机输出的机械能转换为液体的压力能，再通过管道、液压控制阀等元件，经液压缸（或液压马达）将液体的压力能转换为机械能输出。

液压传动相对机械传动来说是一门年轻的技术，自18世纪末英国制成世界上第一台水压机算起，仅有两三百年的历史。但由于具有独特的优点，液压传动得到了迅猛的发展，广泛应用于机床、工程机械、建筑机械、农业机械等各种机械设备上，已渗透到工业领域的各个方面。据统计，目前国外大部分数控加工中心、工程机械和自动生产线上，都采用了液压技术。所以，单纯的机械、机电一体化技术，已难以适应现代机械设备快速发展的要求，机—电—气—液一体化与计算机技术、传感技术相结合的综合控制技术，正得到越来越普遍的应用。液压技术的应用程度，已成为衡量一个国家工业水平的重要标志。

目前，液压技术正向着高速、高压、高效、大功率、低噪声、经久耐用、高度集成化的方向发展。同时，新型液压元件和液压系统的计算机辅助设计（CAD）、计算机辅助测试（CAT）、计算机直接控制（CDC）、计算机仿真和优化技术、可靠性技术等方面也是现今液压技术发展和研究的方向。

二、液压传动的工作原理

下面以液压千斤顶的工作原理为例（见图1-1），简要说明液压传动的工作原理。

液压千斤顶主要由手动液压泵（杠杆手柄1、泵体2、小活塞3）和举升液压缸（大活塞8、缸体9）等组成。活塞与泵体、缸体内壁间具有良好的配合，能形成容积可变的密封空间。液压千斤顶的工作过程如下：当提起杠杆手柄1时，小活塞3上移，小活塞下部的泵体油腔6的工作容积增大，形成局部真空，油液在大气压的作用下，顶开单向阀4进入泵体油腔，实现吸油（此时单向阀7关闭）；当压下杠杆手柄1时，小活塞下移，泵体油腔工作容积减小，其中的油液在外力挤压作用下压力升

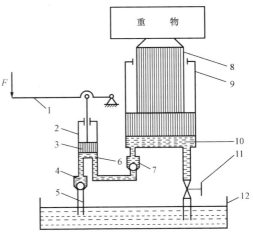

图1-1　液压千斤顶工作原理图
1—杠杆手柄；2—泵体；3—小活塞；4、7—单向阀；
5—管道；6—泵体油腔；8—大活塞；9—缸体；
10—缸体油腔；11—截止阀；12—油箱

高，顶开单向阀 7（此时单向阀 4 关闭），进入大活塞下部的缸体油腔 10，实现压油，从而迫使缸体油腔的工作容积增大，推动大活塞 8 上移顶起重物。反复提压杠杆手柄 1，泵体油腔不断交替进行着吸油和压油，就能使重物不断上升。提压杠杆手柄 1 的速度越快，单位时间内压入缸体油腔中的油液越多，重物举升的速度就越快。如果需要重物下降，只需打开截止阀 11，使缸体油腔的油液流回油箱 12。

由液压千斤顶工作过程的分析可知，压下杠杆手柄 1 时，泵体油腔输出压力油，将机械能转换成油液的压力能；而压力油进入缸体油腔，推动大活塞顶起重物，将油液的压力能又转换成机械能。显然，液压传动是一个不同能量形式的转换过程。

综上所述，液压传动的基本工作原理可以简述如下：以油液为工作介质，通过密封容积的变化来传递运动，通过油液内部的压力来传递动力。

三、液压传动系统的组成

液压千斤顶是一种简单的液压传动装置。分析液压千斤顶各元件的作用，可以看出任何一个简单而完整的液压传动系统都是由以下五部分组成的。

（1）动力元件。动力元件用来把原动机输入的机械能转换成液压能，供给液压系统压力油。最常见的形式是液压泵。

（2）执行元件。执行元件用来把液压能转换成机械能，带动机械完成所需的动作。包括液压缸和液压马达。

（3）控制元件。控制元件是对系统中油液的压力、流量或流动方向进行控制或调节的装置。包括各种控制阀，如单向阀、换向阀、溢流阀、节流阀等。

（4）辅助元件。辅助元件包括上述三部分之外的其他装置，如油箱、滤油器、油管、压力表等。它们对保证系统正常工作是必不可少的。

（5）工作介质。工作介质用来传递液压能（如液压油等），直接影响系统的性能和可靠性。

图 1-2 所示为一简化的机床工作台液压传动系统。它的动力元件为液压泵 3；执行元件为液压缸 5；控制元件为节流阀 7、溢流阀 8、手动换向阀 6；辅助元件为油箱 1、滤油器 2以及连接这些元件的油管、接头等。

四、液压元件的图形符号

图 1-2（a）所示的液压系统是一种半结构式的工作原理图。这种原理图具有直观性强、容易理解的优点，但绘制比较麻烦，系统中元件多时难度更大。

图 1-2（b）所示的液压系统是按照国家标准规定的液压系统图形符号绘制的，这种图形只表示原理，不表示结构，具有绘制方便、简单明了的优点，是常用的表达形式。具体液压元件的图形符号规定，可参见本书附录Ⅲ常用液压与气动元件图形符号（GB/T 786.1—2009）。

五、液压传动的优缺点

液压传动之所以能得到广泛的应用，是由于它具有以下几方面的显著优点：

（1）体积小、重量轻、结构紧凑，因而惯性小，动作灵敏，换向迅速。例如，液压马达的体积和重量仅为同功率电动机的 12%～13%，可实现高频正反转。

（2）传递运动均匀平稳，负载变化时速度较稳定。因此，金属切削机床中的磨床传动现在几乎都采用液压传动。

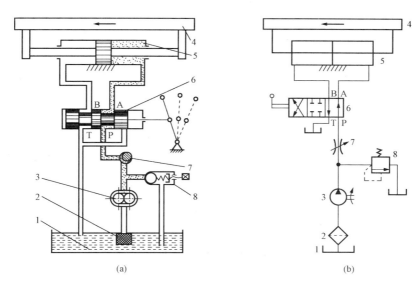

图 1-2　机床工作台液压系统工作原理图

（a）半结构式工作原理图；（b）图形符号图

1—油箱；2—滤油器；3—液压泵；4—工作台；5—液压缸；6—手动换向阀；

7—节流阀；8—溢流阀

（3）可在大范围内实现无级调速。调速范围可高达 1∶2000，并可在液压装置运行的过程中进行调速。

（4）操作简单，易于实现自动化控制和远程控制。特别是当电—液"协同作战"时，如电磁换向阀、电液伺服阀、数控机床等。

（5）易于实现过载保护，并且液压元件能自行润滑，使用寿命长。

（6）由于液压传动是油管连接，所以借助油管的连接可以方便灵活地布置传动机构。

（7）液压元件已实现标准化、系列化和通用化，便于设计、制造和推广使用。

但液压传动也不可避免地存在一些缺点：

（1）漏油的存在，会造成环境污染，降低传动效率，加上油液的可压缩性，使得液压传动不能保证严格的传动比。

（2）液压传动对油温的变化比较敏感，影响工作的稳定性，所以不宜在温度变化很大的环境条件下工作。

（3）液压元件制造精度要求较高，加工和安装较为困难。

（4）液压系统发生故障不易检查和排除。

总之，液压传动的优点是主要的，随着设计制造和使用水平的不断提高，必将有着更为广阔的发展前景。

第二节　液　压　油

液压油不仅是液压传动系统中的工作介质，而且对液压装置的机构、零件起着润滑、冷却和防锈的作用。油液的特性将会影响液压传动性能，如工作可靠性、灵敏性、系统效率、零件寿命等。

一、液压油的性质

1. 液体的密度

液压油的密度随温度的上升而减小，随压力的增加而增大。由于在一般条件下，温度和压力对密度的影响很小，实际中可近似地将其视为常数。

2. 液体的可压缩性

液体受压力作用其体积减小的特性称为液体的可压缩性。

可压缩性用体积压缩系数 κ 表示，定义为单位压力变化下液体体积的相对变化量，单位为 m^2/N。设体积为 V 的液体，其压力的变化量为 dp 时，液体体积变化量为 dV，则

$$\kappa = -\frac{1}{dp}\frac{dV}{V} \tag{1-1}$$

其中，负号表示 dp 与 dV 的变化相反，即压力增大时体积减小。

由于液体的可压缩性极小，所以在液压系统中一般可认为油液是不可压缩的。但在实际液压系统中，当液压油中混入空气时，其压缩性将显著增加，并将影响系统的工作性能，故应将空气的含量减小到最低限度。

3. 液压油的黏性

液体流动时，其分子间因有相对运动而产生内摩擦力，这种特性称为液体的黏性。黏性是液压油最重要的物理特性之一，也是选择液压油的主要指标。

（1）黏性的度量。黏性的大小用黏度来衡量。黏度大，液层的内摩擦力就大，油液就"稠"；反之，油液就"稀"。常用的黏度有动力黏度、运动黏度和相对黏度三种表示形式。

1）动力黏度。动力黏度是根据牛顿内摩擦定律导出的。下面先以图 1-3 所示实验为例，简要介绍牛顿内摩擦定律。

如图 1-3 所示，两平行平板间充满液体，设上平板以速度 v_0 向右运动，下平板固定不动。由于黏性的作用，紧贴于上、下板上的液体层速度分别为 v_0 和零，中间各液体层的速度按线性分布。不同速度流层相互制约而产生内摩擦力。

经实验测得，液体流动时相邻液层间的内摩擦力 F 与液层间的接触面积 A 及液层间的相对流速 dv 成正比，与两液层间的距离 dy 成反比，即

$$F = \mu A \frac{dv}{dy} \tag{1-2}$$

式中 μ——衡量液体黏性的比例系数，称为动力黏度或绝对黏度；

dv/dy——液体液层间速度差异的程度，称为速度梯度。

式（1-2）为牛顿内摩擦定律的数学表达式。

在静止液体中，$dv/dy=0$，即内摩擦力 $F=0$，所以静止液体是不显示黏性的，液体只有在流动时才会呈现黏性。

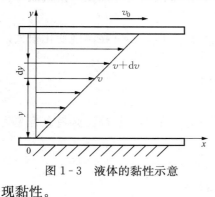
图 1-3 液体的黏性示意

若以 $\tau = F/A$ 表示切应力，则动力黏度为

$$\mu = \tau / \frac{dv}{dy} \tag{1-3}$$

因此，动力黏度的物理意义是：当速度梯度为 1 时，相邻液层间单位面积上内摩擦力的大小。

动力黏度的法定计量单位为 Pa·s（帕·秒），即 N·s/m²。

2）运动黏度。运动黏度 ν 是动力黏度 μ 与密度 ρ 的比值，即

$$\nu = \mu/\rho \qquad\qquad (1-4)$$

运动黏度 ν 没有明确的物理意义，由于在理论分析和计算中常常遇到动力黏度与密度的比值，为方便起见采用运动黏度 ν 代替。

运动黏度的法定计量单位为 m²/s，常用 mm²/s。

标称黏度等级用液压油（液）在 40℃时运动黏度中心值的近似值来表示，单位为 mm²/s，同时用来表示液压油（液）的牌号。例如，32 号液压油指明该油在 40℃（20 世纪 80 年代前旧牌号为 50℃）时，其运动黏度 ν 的中心值是 32mm²/s。我国现行液压油（液）牌号已与国际标称牌号完全一致。常用牌号为 10 号～100 号，主要集中在 15 号～68 号。

3）相对黏度。动力黏度和运动黏度是理论分析和推导中经常使用的黏度单位，它们都难以直接测量，因此，工程上常采用另一种可用仪器直接测量的黏度单位，即相对黏度。

相对黏度又称条件黏度，根据测量仪器和条件的不同，条件黏度的种类很多，有恩氏、赛氏、雷氏等黏度。

在上述三种黏度中，我国主要采用运动黏度，国际标准化组织 ISO 也规定统一采用运动黏度。

（2）压力对黏度的影响。液压油的黏度随压力的增加而增大。在一般情况下，压力对黏度的影响比较小，可以不考虑。但当压力升高到 70MPa 以上时，液体的黏度将比常压下增加 4～10 倍，此时的黏度值变化则不能忽视。

（3）温度对黏度的影响。液压油的黏度对温度变化十分敏感，随着温度的升高而降低。不同种类的液压油黏度随温度的变化不同，这一特性称为黏—温特性。油液的黏度变化会直接影响液压系统的工作性能，所以希望液压油黏度随温度的变化越小越好。黏—温特性通常用黏度指数表示。

液压油的黏度指数，表明随着温度的变化，实验油的黏度变化程度与标准油的黏度变化程度比较的相对值。黏度指数越高说明黏—温特性越好。一般液压油的黏度指数值要求在 90 以上，优异的在 100 以上。黏度指数值可按 GB/T 1995—1988 中规定的方法和公式计算得到，但实际中只要知道液压油在 40℃和 100℃时的运动黏度（mm²/s），即可在 GB/T 2541—1981《石油产品粘度指数算表》中直接查到。

此外，液压油还应具有氧化安定性、热安定性、防锈性、抗泡沫性、抗乳化性、润滑性、抗磨性等其他性质，它们对液压油的选择和使用有着重要的影响，实际中常根据需要通过在基础油中加入各种添加剂来获得。

二、液压油（液）的选用

正确而合理地选用液压油（液）是保证液压设备高效率正常运转的前提。

1．液压油（液）的品种和代号

（1）液压油（液）的品种分类。液压系统采用的液压油（液）主要有两类：一类是矿物型和合成烃型液压油；一类是难燃型液压油。另外，还有一些专用液压油。目前，国内外绝

大多数液压系统采用的都是矿物型（含合成烃型）液压油。

在 GB/T 498—1987 中将"润滑剂和有关产品"规定为 L 类产品。在 GB/T 7631.2—2003 中，又将 L 类产品按应用场合分为 19 个组，其中，液压油产品属于 H 组，在 H 组中设有许多品种，每种又有不同的黏度等级（即牌号）。我国液压油（液）的品种分类见表 1 - 1。

表 1 - 1   液压油（液）品种分类

类 型	品种代号	组 成 和 特 性	又 名
矿物型和合成烃型液压油	HH	无抗氧剂的精制矿物油，质量比俗称的机械油（GB 443—89L—AN 全损耗系统用油）高	—
	HL	精制矿物油，并改善其防锈和抗氧化性	HL 通用机床液压油
	HM	HL 油，并改善其抗磨性	HM 抗磨液压油或抗磨液压油
	HG	HL 油，并具有黏滑性	液压导轨油、精密机床液压导轨油
	HR	HL 油，并改善其黏温性	—
	HV	HM 油，并改善其黏温性	低温液压油、工程液压油、高黏度指数液压油、稠化液压油
	HS	无特定难燃性的合成液	合成低温液压油
难燃型液压油	HFAE	水包油高水基乳化液	水包油乳化液、高水基液压液、水包油难燃液
	HFAS	水的化学溶液	高水基液压液
	HFB	油包水型乳化液	油包水乳化液、油包水难燃液
	HFC	含聚合物水溶液	水—乙二醇液压液、水—乙二醇难燃液
	HFDR	磷酸酯无水合成液	磷酸酯难燃液压液、磷酸酯液压液

目前，HL 油在我国应用最多，其质量水平与法国 NFE 48—603—1983 中的 HL 油相当。

各种液压油的技术性能指标可查阅有关液压技术资料。

（2）液压油（液）的代号示例。

GB/T 498—1987 和 GB/T 7631.2—2003 规定了液压油（液）的代号和命名，例如：

代号   L-HM46

简号   HM-46

含义   L—润滑剂类；H—液压油（液）组；M—防锈、抗氧和抗磨型；46—黏度等级（或称牌号）为 46 号。

命名   46 号防锈、抗氧和抗磨型液压油，简称 46 号 HM 油或 46 号抗磨液压油。

2. 液压油（液）的选用

选用液压油（液）时，除了可从液压件生产厂及产品样本中获得液压油的推荐资料外，一般根据液压系统的工作环境和系统的工况条件、液压泵类型及经济性等因素全面考虑选择。

在选用液压油（液）时，黏度是一个重要的参数。黏度对液压装置的性能影响最大。黏度太大，由于油液流动时的压力损失和系统发热温升，会造成系统效率降低；黏度太小，则泄漏量过多。所以，液压油（液）品种确定后，还必须确定黏度等级。在环境温度较高、工作压力高或运动速度较低时，应选用黏度等级较高的液压油，否则相反。

黏度等级的选择主要取决于液压系统的实际工作温度和冷启动温度，也与所用泵的类型、压力等有关。表 1-2 为按照泵的类型、额定压力和液压系统工作温度范围来确定液压油（液）的品种和黏度。

表 1-2   液压泵的黏度范围及用油

泵 的 类 型		运动黏度范围（40℃）（mm²/s）		适用品种及牌号	最低黏度
		工作温度 5～40℃	工作温度 40～80℃		（mm²/s）
叶片泵	<7MPa	30～50	40～75	HM 油：32 号、46 号、68 号	12
	>7MPa	50～70	55～90	HM 油：46 号、68 号、100 号	
齿轮泵		30～70	95～165	HL 油（中、高压时用 HM）：32 号、46 号、68 号、100 号、150 号	20
轴向柱塞泵		40	70～150	HL 油（高压时用 HM）：32 号、46 号、68 号、100 号、150 号	8

为了防止泵的磨损，应限制运行工作温度下液压油的最低黏度，通常为 13～16 mm²/s，高压系统中则最好在 25 mm²/s 左右。

在寒区或严寒区冬季野外工作的液压设备，应按启动温度选用液压油的品种和黏度等级，通常选用 HV 油和 HS 油，而不能选用 HL 或 HM 油。

第三节 液体静力学基础

液体静力学所研究的是静止液体的力学性质。本节主要讨论液体静止时的平衡规律以及这些规律的实际应用。所谓液体静止是指液体内部质点间没有相对运动，与盛装液体的容器是否运动无关。

一、液体的静压力及其特性

液体处于静止状态下的压力为液体的静压力。一般液压传动中所谓压力都是指液体的静压力（即物理学中所称的压强，简称压力）。如果在面积 ΔA 上作用有法向力 ΔF，则液体内某点处的压力定义为

$$p = \lim_{\Delta A \to 0} \frac{\Delta F}{\Delta A} \tag{1-5}$$

若法向力 F 均匀地作用于面积 A 上，则压力可表示为

$$p = \frac{F}{A} \tag{1-6}$$

压力的法定计量单位为 N/m^2 或 Pa（帕斯卡）。工程上常采用 kPa（千帕）或 MPa（兆帕），$1MPa = 10^3 kPa = 10^6 Pa$。

当液体受到外力的作用时，就形成液体的压力，如图 1-4 所示。

液体的静压力具有两个重要的特性：

（1）液体压力作用的方向总是垂直指向受压表面。

（2）静止液体内任一点处的压力在各个方向上都相等。

二、重力作用下的液体静力学基本方程式

在重力作用下密度为 ρ 的静止液体，其受力情况如图 1-5（a）所示，静止液体所受的力有液体的重力、液面上的压力 p_0、容器壁面液体的压力。为求任意深度 h 处的压力 p，可以假想从液面往下切取一个垂直的小液柱作为研究体，其底面积为 ΔA，如图 1-5（b）所示，这个小液柱的重力为 $G = \rho g h \Delta A$。由于小液柱处于平衡状态，于是有

$$p\Delta A = p_0 \Delta A + \rho g h \Delta A$$

等式两边同除以 ΔA，得

$$p = p_0 + \rho g h \qquad (1-7)$$

式（1-7）即为静力学基本方程式，由此可得以下结论。

（1）静止液体内任一点的压力由两部分组成：一部分是液面上的压力 p_0，另一部分是液体自重所引起的压力 $\rho g h$。当液面上只受大气压力 p_a 作用时，则液体内任一点的压力

$$p = p_a + \rho g h$$

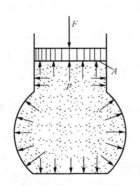

图 1-4　外力作用形成的压力

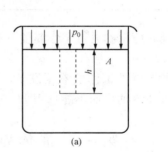

图 1-5　重力作用下静止的液体
（a）受力情况；（b）小液柱

（2）静止液体内的压力随液体深度 h 的增加而增大，即呈直线规律分布。

（3）连通容器内同一液体中，深度相同处各点的压力均相等。由压力相等的点组成的面称为等压面，在重力作用下静止液体的等压面是一个水平面。

三、压力的传递

密闭容器内的液体如图 1-6 所示。当外力 F 变化引起外加压力 p_0 发生变化时，只要液体仍保持原来的静止状态不变，则液体内任一点的压力将发生同样大小的变化。这说明在密闭容器中，施加于静止液体上的压力将以等值同时传递到液体内各点。这就是帕斯卡原理，也称为静压力传递原理。液压传动就是在这个原理的基础上建立起来的。

在液压传动系统中，通常由外力产生的压力要比液体自重产生的压力 $\rho g h$ 大得多。因此，把式（1-7）中的 $\rho g h$ 项略去不计，则液体内部各点的压力就处处相等。这个概念很重

要，在以后分析液压阀和液压系统的工作原理时经常用到。

在图1-6中，活塞上的作用力 F 为外加负载，A 为活塞横截面面积。根据帕斯卡原理，容器内液体的压力 p 与负载 F 之间总是保持着正比的关系，即

$$p = \frac{F}{A}$$

可见，液体的压力是由外界负载作用而形成的，即压力的大小决定于负载，这是液压传动中的一个重要的基本概念。

液压千斤顶能够举起重物就是帕斯卡原理的具体应用。如图1-7所示，两个互相连通的密封容器，内装有油液，液压缸的上部装有小活塞1和大活塞2，它们的面积分别为 A_1 和 A_2，并在大活塞上放一重物 W。如果在小活塞上加一外力 F_1，则小液压缸中油液的压力

$$p_1 = \frac{F_1}{A_1}$$

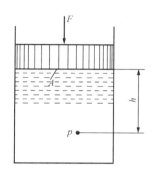

图1-6　液体内的压力

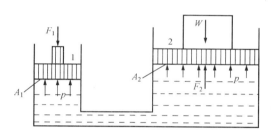

图1-7　液压千斤顶的工作原理图
1—小活塞；2—大活塞

大液压缸中液体的压力

$$p_2 = \frac{W}{A_2}$$

根据帕斯卡原理 $p_1 = p_2$，即

$$\frac{F_1}{A_1} = \frac{W}{A_2} \tag{1-8}$$

从式（1-8）可以看出，若 F_1 一定，两个活塞面积 A_2/A_1 之比越大，大活塞升起重物的能力就越大。也就是说，在小活塞上施加不大的力，大活塞上便可产生较大的作用力，将重物 W 举起。液压千斤顶就是利用这个原理来进行起重工作的。

四、压力的表示方法

根据度量基准的不同，液体压力分为绝对压力和相对压力两种。以绝对真空（零压力）为基准测得的压力，称为绝对压力；以大气压力为基准测得的高出大气压那一部分压力，称为相对压力。通常，压力计所指的压力就是相对压力。当绝对压力不足于大气压时，习惯上称为具有真空，而绝对压力不足于大气压力的那部分压力值，称为真空度。绝对压力、相对压力与真空度的关系如图1-8所

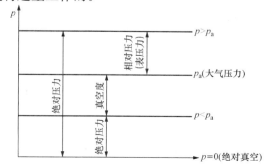

图1-8　绝对压力、相对压力和真空度

示。用公式表示为

$$p = p_a + p_g \qquad (1 - 9)$$

式中　p——绝对压力；

　　　p_a——大气压力；

　　　p_g——相对压力。

如果液体某处的绝对压力 p 小于大气压力 p_a 时，则真空度

$$p_v = p_a - p \qquad (1 - 10)$$

液压系统中的压力指的是相对压力。

第四节　液体动力学基础

本节主要讨论液体的流动状态、运动规律、能量转换以及流动液体与固体壁面的相互作用力等问题。这些内容不仅构成了液体动力学基础，而且是液压技术中分析问题和设计计算的理论依据。

一、基本概念

1. 理想液体和稳定流动

假定既无黏性又无压缩性的液体称为理想液体，而事实上存在的具有黏性和压缩性的液体称为实际液体。

液体流动时，若液体中任何一点的压力、速度和密度都不随时间而变化，则将这样的流动称为稳定流动。本书主要研究稳定流动。

2. 过流断面、流量和平均流速

液体在管道中流动时，其垂直于流动方向的截面称为过流断面，或称通流截面。

单位时间内流过某一过流断面的液体的体积称为体积流量。流量常用 q 表示，单位为 m^3/s，实际中常用的单位为 L/min 或 mL/s。

实际液体在流动时，由于黏性力的作用，整个过流断面上各点的速度一般是不等的。假设过流断面上各点的流速是均匀的，液体以此均布流速 v 流动，流过断面 A 的流量等于液体实际流速流过该断面的流量。流速 v 称为过流断面上的平均流速，以后所指的流速，除特别指出外，均按平均流速来处理。于是有 $q = vA$，故平均流速为

$$v = \frac{q}{A} \qquad (1 - 11)$$

液压缸工作时，液体的流速与活塞的运动速度相同。由此可见，当液压缸的有效面积一定时，活塞运动速度的大小由输入液压缸的流量来决定。

3. 流动液体的压力

静止液体内任意点处的压力在各个方向都是相等的。但在流动液体内，由于惯性和黏性的影响，任意点处在各个方向上的压力并不相等。因为数值相差甚微，所以流动液体内任意点处的压力在各个方向上的数值可认为是相等的。

4. 流动状态和雷诺数

（1）层流和湍流。19 世纪末，英国物理学家雷诺首先通过大量实验发现了液体在管路中流动时有层流和湍流两种流动状态。

　　层流是指液体流动时质点沿管路做直线运动、分层流动，各层液体之间呈互不混杂的流动状态，如图 1-9（a）所示。而湍流时液体除沿平行于管路的轴线运动外，还存在着剧烈的横向运动，呈紊乱混杂状态，如图 1-9（b）所示。

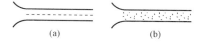

图 1-9　层流和湍流

（a）层流；（b）湍流

　　（2）流动状态的判别。实验结果表明，圆管中液体的流动状态与液体的流速 v、管路的直径 d 及液体的运动黏度 ν 有关。真正能判定液体流动状态的则是这三个参数所组成的一个无量纲的雷诺数 Re，即

$$Re = \frac{vd}{\nu} \tag{1-12}$$

　　液体流动时，由层流变为湍流的雷诺数和由湍流转变为层流的雷诺数是不同的。后者数值小，所以工程中一般用后者作为判别液体流动状态的依据，称为临界雷诺数，记作 Re_c。光滑金属圆管 $Re_c = 2000 \sim 2300$，橡胶软管 $Re_c = 1600 \sim 2000$，圆柱形滑阀阀口 $Re_c = 260$，锥阀阀口 $Re_c = 20 \sim 100$。当液流实际流动时的雷诺数小于临界雷诺数（$Re < Re_c$）时，液流为层流；反之，为湍流。

　　对于非圆截面的管路而言，Re 可用式（1-13）计算：

$$Re = \frac{4vR}{\nu} \tag{1-13}$$

其中，R 为过流断面的水力半径，它等于液流的有效截面积 A 和湿周 χ（过流断面上与液体接触的固体壁面的周长）之比，即

$$R = \frac{A}{\chi} \tag{1-14}$$

　　水力半径的大小对管路通流能力的影响很大，水力半径大，表示液流与管壁接触少，通流能力大；水力半径小，表示液流与管壁接触多，通流能力小，容易堵塞。

二、流动液体的连续性方程

连续性方程是质量守恒定律在流体力学中的一种表现形式。

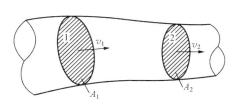

图 1-10　管道中的液流

在一般工作状态下，液体基本上是不可压缩的，即密度 ρ 为常数；液体又是连续的，不可能有空隙存在。因此，根据质量守恒定律可知，管内流动液体不会增多也不会减少，也就是说，单位时间内流过管路各截面的液体质量必然相等，这就是液体的连续性原理，如图 1-10 所示。管路的两个通流面积分别为 A_1、A_2，液体流速分别为 v_1、v_2，液体的密度为 ρ，则有

$$\rho v_1 A_1 = \rho v_2 A_2 = \text{const}$$

即

$$v_1 A_1 = v_2 A_2 = q \tag{1-15}$$

$$\frac{v_1}{v_2} = \frac{A_2}{A_1}$$

　　式（1-15）称为液流的连续性方程。它说明液体在管路中做稳定流动时，流过各个截面的不可压缩液体流量是相等的，而液流的流速与管道过流截面的面积成反比。因此，管细流速大，管粗流速小。

三、伯努利方程

伯努利方程是能量守恒定律在流体力学中的一种表现形式。

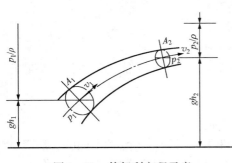

图 1-11 伯努利方程示意

1. 理想液体的伯努利方程

理想液体在管内做稳定流动时没有能量损失。如图 1-11 所示为一液流管道，假定其为理想液体，并为稳定流动。由能量守恒定律可知，同一管道内各个截面处的总能量都相等，总能量包括位置势能、压力能和动能。质量为 m 的液体，流经该管任意两截面 A_1 和 A_2，其离基准线的距离分别为 h_1、h_2，流速分别为 v_1、v_2，压力分别为 p_1、p_2，根据能量守恒定律，有

$$\frac{1}{2}mv_1^2 + mgh_1 + mg\frac{p_1}{\rho g} = \frac{1}{2}mv_2^2 + mgh_2 + mg\frac{p_2}{\rho g}$$

若等式两边同除以 m，即可得单位重力作用下液体的能量方程

$$\frac{v_1^2}{2} + gh_1 + \frac{p_1}{\rho} = \frac{v_2^2}{2} + gh_2 + \frac{p_2}{\rho} \qquad (1-16)$$

式（1-16）即为理想液体的伯努利方程，它表明了流动液体各质点的位置、压力和速度之间的关系。其物理意义如下：在密闭管内做稳定流动的理想液体具有三种形式的能量（动能、位置势能和压力能），三种能量可以互相转换，但各个过流断面上三种能量之和保持不变。由此可见，静力学基本方程是伯努利方程（流速为零时）的特例。

2. 实际液体的伯努利方程

实际液体具有黏性，会产生内摩擦力，消耗能量，而且管道形状和尺寸的骤然变化，会使液体产生扰动，进而造成能量损失，因此单位质量的实际液体从一个截面流到另一截面的能量损失用 gh_w 表示。另外，实际液体在过流断面上各点的速度是不同的，用平均流速 v 来代替实际流速计算动能时，必然会产生偏差。所以理想液体伯努利方程式（1-16）中 $v^2/2$ 这一项要进行修正，其修正系数为 α，称为动能修正系数。一般，液体处于层流流动时，取 $\alpha=2$；液体处于湍流流动时，取 $\alpha=1$。则实际液体的伯努利方程为

$$\frac{\alpha_1 v_1^2}{2} + gh_1 + \frac{p_1}{\rho} = \frac{\alpha_2 v_2^2}{2} + gh_2 + \frac{p_2}{\rho} + gh_w \qquad (1-17)$$

【例 1-1】 试利用实际液体的伯努利方程分析液压泵的吸油过程。

解 液压泵吸油装置如图 1-12 所示，设液压泵的吸油口比油箱液面高 h，取油箱液面 1—1 和液压泵进口处截面 2—2 列伯努利方程，有

$$\frac{\alpha_1 v_1^2}{2} + gh_1 + \frac{p_1}{\rho} = \frac{\alpha_2 v_2^2}{2} + \frac{p_2}{\rho} + gh_2 + gh_w \qquad (a)$$

其中，截面 1—1 为基准平面，所以 $h=0$，p_1 为大气压力，即 $p_1=p_a$；因油箱液面很大，认为 $v_1 \approx 0$；v_2 为液压泵吸油口的速度，一般取吸油管流速，p_2 为泵吸油口处的绝对压力，gh_w 为单位质量液体的能量损失。据此，式（a）可简化为

$$\frac{p_a}{\rho} = \frac{\alpha_2 v_2^2}{2} + \frac{p_2}{\rho} + hg + gh_w$$

液压泵吸油口的真空度为

$$p_v = p_a - p_2 = \rho g h + \rho \frac{\alpha_2 v_2^2}{2} + \rho g h_w \qquad (b)$$

由式（b）可知，泵吸油口处的真空度由 $\rho g h$、$\rho \frac{\alpha_2 v_2^2}{2}$ 和 $\rho g h_w$ 三部分组成。当泵的安装高度高于液面时（$h>0$），$\rho g h + \rho \frac{\alpha_2 v_2^2}{2} + \rho g h_w > 0$，即 $p_2 < p_a$，此时，泵的吸油口处绝对压力小于大气压力，形成真空，借助大气压力将油压入泵中。当泵的安装高度在液面之下（$h<0$），而当 $|h| > \frac{\alpha_2 v_2^2}{2g} + h_w$ 时，泵吸油口处不形成真空，油液自行灌入泵内，即为浸入式或倒灌式安装，这样做可以改善泵的吸油性能。

在一般情况下，为便于安装和维修，泵多安装在油箱液面以上，依靠吸油口处形成的真空度来吸油。虽然

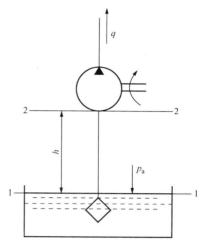

图 1-12 液压泵吸油装置示意

p_2 越小，真空度越大，但当 p_2 低于油液在该温度下的空气分离压时，溶解在油液中的空气就会析出，出现气穴现象，从而引起噪声和振动。故应减小 v_2、h 和 h_w，使真空度不至于过大。通常采用较大直径的吸油管，减小管路长度，以降低液体流动速度 v_2 和压力损失 Δp。另外，还须限制泵的安装高度，一般取 $h<0.5m$。两液面间的压力损失 $\Delta p = \rho g h_w$，它将有效的压力能变为热能。

四、动量方程

液流作用在固体壁面上的力，用动量方程来求解比较方便。它是刚体力学中动量定理在流体学中的具体应用。刚体力学动量定理指出，作用在物体上的外力等于物体在单位时间内的动能变化量。对于做稳定流动的液体，若不考虑液体的可压缩性，液体流动时动量方程为

$$\sum F = \rho q \beta_2 v_2 - \rho q \beta_1 v_1 \qquad (1-18)$$

式中　$\sum F$——作用于控制液体体积上的全部外力之和；

　　　β_2、β_1——动量修正系数，在湍流时取 β 为 1，层流时取 β 为 1.33，为了简化计算，β 值常取为 1；

　　　v_1、v_2——液体在前后两个过流断面上的平均流速。

第五节　管路中液体的压力损失

实际液体具有黏性，并且液体在流动时会产生撞击、旋涡等，因而流动时会有阻力产生。为了克服阻力，就造成一部分能量损失。在液压管路中，能量损失主要表现为液体压力损失。

液体压力损失可分为沿程压力损失和局部压力损失两种。

一、沿程压力损失

液体在等径直管中流动时因内外摩擦而产生的压力损失，称为沿程压力损失。经理论推导，液体流经等径 d 的直管时在管长 l 段上的沿程压力损失计算公式为

$$\Delta p_f = \lambda \frac{l}{d} \frac{\rho v^2}{2} \qquad (1\text{-}19)$$

式中　λ——沿程阻力系数，与液流的状态有关；

　　　d——管路内径，m；

　　　v——液体的平均流速，m/s。

对于圆管层流，理论值为 $\lambda = 64/Re$。考虑到实际圆管截面可能有变形以及靠近管壁处的液层可能冷却，阻力略有加大，实际计算时对于金属管应取 $\lambda = 75/Re$，橡胶管 $\lambda = 80/Re$。湍流时，当 $2.3 \times 10^3 < Re < 10^5$ 时，可取 $\lambda \approx 0.3164 Re^{-0.25}$。

因而，计算沿程压力损失时，应先判断流态，确定正确的沿程阻力系数 λ 值后，再按式（1-19）计算。

二、局部压力损失

液体流经截面突然变化的管道、弯头、接头、阀口等局部障碍引起的压力损失，称为局部压力损失。局部压力损失 Δp_r 计算公式为

$$\Delta p_r = \zeta \frac{\rho v^2}{2} \qquad (1\text{-}20)$$

式中　ζ——局部阻力系数；

　　　v——液流的流速，一般情况下均指局部阻力后部的流速。

由于流动状态很复杂，影响因素较多，ζ 一般要依靠实验来确定，具体数据可查阅有关液压传动设计计算手册。

对于液流通过各种阀时的局部压力损失，可在阀的产品样本中直接查得，获得在额定流量 q_n 时的压力损失 Δp_n。若实际通过阀的流量 q 不是额定流量 q_n，且压力损失又是与流量有关的阀类元件，如换向阀、过滤器等，则压力损失可按式（1-21）计算

$$\Delta p = \Delta p_n \left(\frac{q}{q_n}\right)^2 \qquad (1\text{-}21)$$

三、管路中的总压力损失

管路系统中总的压力损失等于直管中的沿程压力损失 Δp_f 及所有部局压力损失 Δp_r 的总和，即

$$\Delta p = \sum \Delta p_f + \sum \Delta p_r = \sum \lambda \frac{l}{d} \frac{\rho v^2}{2} + \sum \zeta \frac{\rho v^2}{2} \qquad (1\text{-}22)$$

液压传动中的压力损失，绝大部分转变为热能，造成油温升高，泄漏增多，使液压传动效率降低，甚至影响系统的工作性能。所以应注意尽量减少压力损失。布置管路时尽量缩短管道长度，减少管路弯曲和截面的突然变化，管内壁力求光滑，选用合理管径，采用较低流速，以提高系统效率。

第六节　液压冲击及气穴现象

一、液压冲击

在液压系统中，常由于某些原因而使液体的压力在某一瞬间突然急剧上升，形成一个很大的压力峰值，这种现象称为液压冲击。液压冲击常伴随着巨大的噪声和振动，使液压系统产生升温，有时会使一些液压元件或管件损坏。因此，必须采取有效的措施来减轻或防止液

压冲击。

避免产生液压冲击的基本措施是尽量避免液流速度发生急剧变化，延缓速度变化的时间，其具体办法如下：

（1）缓慢开关阀门。

（2）限制管路中液流的速度。

（3）系统中设置蓄能器和安全阀。

（4）在液压元件中设置缓冲装置（如节流阀）。

二、气穴现象

在流动的液体中，由于流速突然变大，供油不足等因素，某点处的压力会迅速下降至低于空气分离压时，就有气泡产生，这些气泡夹杂在油液中形成气穴，称为气穴现象。气穴现象破坏了油流的连续性，造成流量和压力的脉动，引起局部的液压冲击，使系统产生强烈的噪声和振动，腐蚀金属表面，导致元件寿命缩短。

气穴多发生在阀口和液压泵的进口处，由于阀口的通道狭窄，流速增大，压力大幅度下降，以致产生气穴。当泵的安装高度过大或油面不足，吸油管直径太小吸油阻力大，滤油器阻塞，造成进口处真空度过大，亦会产生气穴。为减少气穴危害，一般采取以下措施：

（1）减小液流在间隙处的压力降。

（2）降低吸油高度，适当加大吸油管的内径，限制吸油管的流速，及时清洗滤油器，对高压泵可采用辅助泵供油。

（3）管路要有良好的密封性，防止空气进入。

本　章　小　结

（1）液压传动系统都是由动力元件、执行元件、控制元件、辅助元件及工作介质五部分所组成。

（2）液压传动的力学基础是液压流体力学。在液压流体力学中，主要研究流体在静止时和运动时的一些基本规律。这些基本规律在研究液压系统和元件时非常重要的。主要包括：压力的计算，流体流动时的三大方程（连续性方程、伯努利方程、动量方程），以及影响系统性能的两个主要因素（液压冲击和气穴现象）。

（3）液压传动系统中压力的大小取决于负载，速度的大小取决于（流入液压缸中油液的）流量。

复　习　思　考　题

1-1　液压传动系统由哪几部分组成？各部分的作用是什么？

1-2　液体静压力的特性是什么？

1-3　什么是帕斯卡原理？试用帕斯卡原理解释液压千斤顶用很小的力能举起很重物体的道理。

1-4　什么是流动液体连续性原理？举例说明它的应用。

1-5　液压传动中，活塞运动的速度是怎样计算的？作用在活塞上的推力越大，活塞运动的速度就越快吗？为什么？

1-6 压力的定义是什么？压力有几种表示方法？液压系统的工作压力和外界负载有什么关系？

1-7 管路中的压力损失有哪几种？其值与哪些因素有关？

1-8 什么是液压冲击和空穴现象？如何避免？

习　　题

1-1 连通器中，存在两种液体，已知水的密度 $\rho_1 = 1000\text{kg/m}^3$，$h_1 = 60\text{cm}$，$h_2 = 75\text{cm}$，求另一种液体的密度 ρ_2（见图 1-13）。

1-2 如图 1-7 所示的互相连通的两个液压缸，已知大缸面积 $A_2 = 7850\text{mm}^2$，小缸面积 $A_1 = 628\text{mm}^2$，大活塞放置一重物 $W = 10000\text{N}$。问在小活塞上施加多大的力才能使大活塞顶起重物？

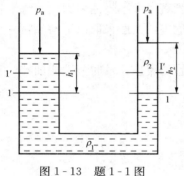

图 1-13 题 1-1 图

1-3 在图 1-14 中，液压缸直径 $D = 150\text{mm}$，柱塞直径 $d = 100\text{mm}$，液压缸中充满油液。作用力 $F = 50000\text{N}$，不计油液、活塞（或缸体）的自重所产生的压力，不计活塞和缸体之间的摩擦力，求液压缸中液体的压力。

1-4 在图 1-15 中，液压泵的流量 $q = 32\text{L/min}$，吸油管内径 $d = 20\text{mm}$，液压泵的吸油口距液面高度 $h = 0.5\text{m}$，液压油的运动黏度 $\nu = 20 \times 10^{-6}\text{m}^2/\text{s}$，油液密度 $\rho = 900\text{kg/m}^3$，不计压力损失，求液压泵吸油口处的真空度。

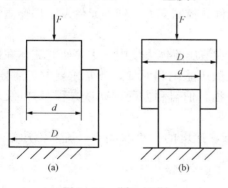

图 1-14 题 1-3 图

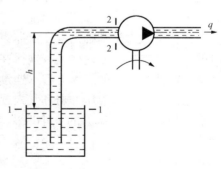

图 1-15 题 1-4 图

第二章 液 压 动 力 元 件

第一节 液 压 泵 概 述

液压泵是液压系统的动力元件，其功用是供给系统压力油。液压泵是将电动机（或其他原动机）输入的机械能转换为液体压力能的能量转换装置。

一、液压泵的工作原理

图 2-1 所示为单柱塞液压泵的工作原理图。偏心轮 1 顺时针旋转时，柱塞 2 在凸轮和弹簧的作用下在缸体 3 中左右移动。柱塞右移时，缸体中的油腔（密封工作腔 V）容积变大，产生真空，油液便在大气压力作用下通过单向阀 6 吸入缸体，完成吸油。柱塞左移时，缸体中的油腔（密封工作腔 V）容积变小，已吸入的油液受到挤压，便通过单向阀 5 输出到系统中去，实现压油。此时，单向阀 6 关闭，避免油液流回油箱。若偏心轮 1 连续转动，泵就可不断地吸油和压油了。

由此可见，液压泵是靠密封容积的变化来实现吸油和压油的，其排量的大小取决于密封腔的容积变化，故这种泵又称为容积式泵。构成容积式泵需要三个必要条件。

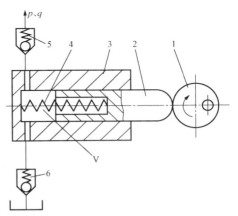

图 2-1 单柱塞液压泵工作原理图
1—偏心轮；2—柱塞；3—缸体；4—弹簧；
5、6—单向阀

（1）应具备密封容积，且密封容积的大小能做周期性的变化。密封容积由小变大时吸油，由大变小时压油。

（2）在吸油过程中，必须使油箱与大气接通，这是吸油的必要条件。在压油过程中，油液压力取决于油液从单向阀 5 压出时遇到的阻力，即液压泵的工作压力取决于外界负载。

（3）单向阀 5、6 是保证吸油时使 V 腔与油箱接通，同时切断供油管道；压油时使 V 腔与油液流向系统的管道相通而与油箱切断。单向阀 5、6 又称为配油装置。配油装置的形式各式各样，是液压泵工作必不可少的部分。

二、液压泵的主要性能参数

1. 液压泵的压力

（1）工作压力 p。液压泵的工作压力是指泵工作时输出油液的实际压力，其大小由外界负载决定，外负载增大，泵的工作压力也随之升高。

（2）额定压力 p_n。液压泵的额定压力是泵在正常工作条件下，按试验标准规定连续运转允许达到的最高压力。泵的额定压力大小受泵本身泄漏和结构强度所制约。当泵的工作压力超过额定压力时，泵就会过载。

由于液压传动的用途不同，系统所需要的压力也不相同。为了便于液压元件的设计、生产和使用，将压力分为几个等级，见表 2 - 1。

表 2 - 1 压 力 等 级

压力等级	低压	中压	中高压	高压	超高压
压力（MPa）	≤2.5	>2.5~8	>8~16	>16~32	>32

（3）最大压力 p_{max}。液压泵的最大压力是指液压泵在短时间内过载时所允许的极限压力，由液压系统中的安全阀限定。安全阀的调定值不允许超过液压泵的最大压力。

2. 液压泵的排量和流量

（1）排量 V。液压泵的排量是指泵轴每转一转所排出油液的体积。液压泵的排量取决于液压泵密封腔的几何尺寸，不同的泵，因结构参数不同，所以排量也不一样。

（2）流量。

1）理论流量 q_t。液压泵的理论流量，是指泵在单位时间内输出液体的体积。

显然
$$q_t = Vn \tag{2-1}$$

式中 q_t——泵的理论流量，L/min；

V——泵的排量，L/r；

n——泵轴的转速，r/min。

可见，理论流量与工作压力无关。

2）实际流量 q。液压泵的实际流量，是指考虑液压泵泄漏损失情况下，液压泵在单位时间内实际输出的油液体积，等于理论流量减去因泄漏损失的流量。实际流量与工作压力有关。

3）额定流量 q_n。液压泵的额定流量，是指泵在正常工作条件下，按试验标准规定必须保证的输出流量。

由于泵存在泄漏，所以泵的实际流量和额定流量都小于理论流量。

三、液压泵的功率和效率

泵的理论机械功率应无损耗地全部变换为泵的理论液压功率，则
$$T_t 2\pi n = pq_t \tag{2-2}$$

式中 T_t——泵轴上的理论转矩；

p——泵的工作压力。

（1）泵的输入功率 P_i。驱动泵轴的机械功率称为泵的输入功率。
$$P_i = 2\pi n T_i \tag{2-3}$$

式中 T_i——泵轴上的实际输入转矩。

（2）泵的机械效率 η_m。液压泵在工作时存在各种摩擦损失（机械摩擦、液体摩擦），因此，驱动泵的实际输入转矩 T_i 总是大于其理论转矩 T_t，其机械效率 η_m 为
$$\eta_m = \frac{T_t}{T_i} \tag{2-4}$$

将式（2-2）代入式（2-4），得
$$\eta_m = \frac{pV}{2\pi T_i} \tag{2-5}$$

（3）泵的容积效率 η_V。泵的实际流量 q 与理论流量 q_t 的比值称为容积效率，用 η_V 表

示，有

$$\eta_V = \frac{q}{q_t} \tag{2-6}$$

将式（2-1）代入式（2-6），得

$$\eta_V = \frac{q}{Vn} \tag{2-7}$$

（4）泵的输出功率 P_o。泵输出的液压功率称为泵的输出功率。

$$P_o = pq \tag{2-8}$$

（5）泵的总效率 η。泵的输出功率 P_o 与输入功率 P_i 的比值称为泵的总效率，用 η 表示，有

$$\eta = \frac{P_o}{P_i} \tag{2-9}$$

将式（2-3）、式（2-8）代入式（2-9），得

$$\eta = \frac{pq}{2\pi n T_i} = \frac{pV}{2\pi T_i} \cdot \frac{q}{Vn} = \eta_m \eta_V \tag{2-10}$$

即泵的总效率等于机械效率与容积效率的乘积。

【例 2-1】 一液压泵在正常工作时，输出油液的压力 $p=10\text{MPa}$，转速 $n=1450\text{r/min}$，排量 $V=20\text{mL/r}$，泵的容积效率 $\eta_V=0.95$，总效率 $\eta=0.85$。求泵的输出功率为多少？驱动该泵的电动机所需功率至少为多大？

解 （1）泵的输出功率为

$$P_o = pq = pVn\eta_V = \frac{10 \times 10^6 \times 20 \times 10^{-6} \times 1450}{60} \times 0.95 = 4592(\text{W})$$

（2）泵的输入功率为

$$P_i = \frac{P_o}{\eta} = \frac{4592}{0.85} = 5402(\text{W})$$

即驱动该泵的电动机所需功率至少为 5402W。

四、液压泵的类型与图形符号

1. 液压泵的类型

液压泵的种类很多，按结构的不同，可分为齿轮泵、叶片泵、柱塞泵等；按输油方向能否改变，可分为单向泵和双向泵；按输出的流量能否调节，可分为定量泵和变量泵；按额定压力的高低，可分为低压泵、中压泵、高压泵等。

2. 液压泵的图形符号

液压泵的图形符号如图 2-2 所示。

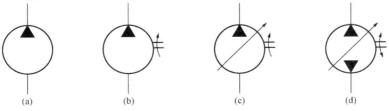

（a）   （b）   （c）   （d）

图 2-2 液压泵的图形符号

（a）泵的一般符号；（b）单向定量液压泵；（c）单向变量液压泵；（d）双向变量液压泵

第二节　齿　轮　泵

在各类泵中，齿轮泵的结构简单，便于制造和维修，因此被广泛应用在各种液压机械上。齿轮泵主要结构形式有外啮合和内啮合两种。比较内、外两种啮合形式，外啮合齿轮泵工艺简单，加工方便，所以目前渐开线圆柱直齿形的外啮合齿轮泵应用较多。本节着重介绍外啮合齿轮泵的工作原理和结构性能。

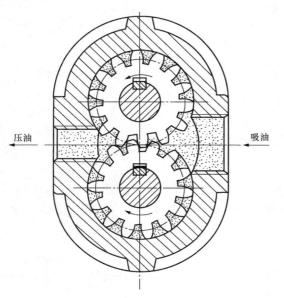

图 2 - 3　外啮合齿轮泵工作原理图

一、外啮合齿轮泵的工作原理

外啮合齿轮泵的工作原理如图 2 - 3 所示，在泵体内有一对模数、齿数相同的外啮合渐开线齿轮，齿轮的两端皆由端盖罩住（图 2 - 3 中未标出）。密封的工作容积由泵体、端盖和两个齿轮形成，并由两个齿轮的齿面接触线分隔成左、右两个密封的空腔，分别与吸油口和压油口相通。当主动齿轮按图示方向逆时针旋转时，右腔中啮合的两齿轮逐渐脱开啮合，使密封容积增大，形成局部真空，油箱中的油液就在大气压力作用下进入右腔，故右腔为吸油腔；在左腔中，两齿轮的轮齿逐渐啮合，使密封容积减小，左腔的油液被挤压经压油口输出，故左腔为压油腔。这样，齿轮不停地转动，吸油腔不断地从油箱中吸油，压油腔不断地排油，这就是齿轮泵的工作原理。

压油　←　　　　　　　　吸油　→

二、外啮合齿轮泵的结构性能分析

1. 困油现象及其消除措施

为了保证齿轮泵中的齿轮传动连续平稳地工作，必须使齿轮啮合的重叠系数 $\varepsilon > 1$，即在前一对轮齿尚未脱开啮合前，后一对轮齿又进入啮合。这时在两对齿之间形成了一个和吸、压油腔均不相通的单纯的封闭容积 V，此封闭容积称为闭死容积［见图 2 - 4（a）］。齿轮连续旋转时，闭死容积逐渐减小，由图 2 - 4（a）所示位置到图 2 - 4（b）所示位置，到两啮合点 A、B 处于节点两侧的对称位置时［见图 2 - 4（b）］，闭死容积为最小。齿轮再继续转动，由图 2 - 4（b）所示位置到图 2 - 4（c）所示位置，闭死容积逐渐增大，在图 2 - 4（c）所示位置时，闭死容积为最大。闭死容积减小时会使被困油液受到挤压，压力急剧上升，油

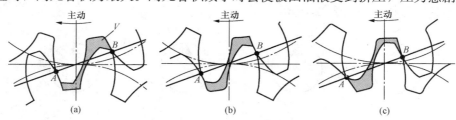

图 2 - 4　齿轮泵的困油现象

（a）闭死容积 V；（b）闭死容积 V 最小；（c）闭死容积 V 最大

液从零件接合面缝隙中强行挤出，导致油液发热，同时让齿轮、轴承等机件受到很大的径向力；闭死容积增大又会造成局部真空，使溶于油中的气体分离出来，产生气穴现象，引起振动和噪声，这种现象称为齿轮泵的困油现象。

　　为了消除困油现象，通常采用在齿轮泵的前、后两端盖上各铣两个困油卸荷槽，如图2-5所示。卸荷槽的形状可以是矩形或圆形。当闭死容积减小时，依靠右卸荷槽与压油腔相通；当闭死容积增大时，依靠左卸荷槽与吸油腔相通。左、右两槽间的距离a必须保证在任何时候都不能使吸油腔和压油腔相通。

　　图2-5（a）所示的两卸荷槽是对称开设的，仅适用于齿侧间隙较大的泵。HY01型齿轮泵及CB型中、高压齿轮泵，均采用这种卸荷槽结构。

　　当齿侧间隙很小时，卸荷槽常非对称地开设［见图2-5（b）］，在距离a不变的条件下，向吸油腔一侧偏移。其尺寸为$b=0.8m$，$c>2.5m$，$h\geqslant0.8m$，m为齿轮的模数。CB-B型低压齿轮泵采用的即为非对称卸荷槽结构。

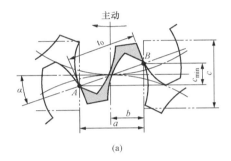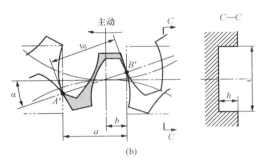

图2-5　齿轮泵的困油卸荷槽

（a）对称卸荷槽；（b）非对称卸荷槽

2. 径向作用力不平衡

　　齿轮泵工作时，液体作用在齿轮外缘的压力是不均匀的，如图2-6所示。从低压腔到高压腔，压力沿齿轮的旋转方向逐渐递增，因此齿轮和轴受到径向不平衡力的作用。工作压力越高，径向不平衡力也越大。当径向不平衡力很大时，能使泵轴弯曲，导致齿顶接触泵体，产生摩擦，同时也会加速轴承的磨损，降低轴承使用寿命。

　　为了解决径向力不平衡的影响，常采取缩小压油口的办法，使压油腔的压力油仅作用在一个齿到两个齿范围内，来减小不平衡的径向力；还可开径向力平衡槽，如图2-7所示。该结构可使作用在轴承上的径向力大大减小，但会使内泄漏增加；同时适当增大径向间隙，使齿顶不和泵体接触也能降低不平衡的径向力。

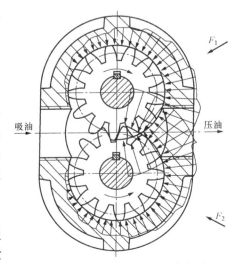

图2-6　齿轮泵的径向力分布图

3. 泄漏

　　齿轮泵压油腔的压力油可通过三条途径泄漏到吸油腔中：一是通过齿轮两端面间隙，产生轴向间隙泄漏，其泄漏约占齿轮泵泄漏量的75%～80%，而且泄

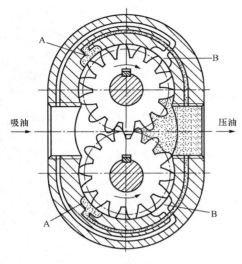

图 2-7　齿轮泵径向力平衡槽

漏量随泵工作压力的提高而增大，同时还随端面磨损而增大，是目前影响齿轮泵压力提高的主要原因；二是通过齿顶间隙，产生径向间隙泄漏，其泄漏约占齿轮泵泄漏量的 15%～20%；三是齿轮啮合线处间隙的泄漏，其泄漏量很少，一般不予考虑。

在中高压齿轮泵中，为了减小轴向间隙泄漏而采用自动补偿端面间隙装置，常用的有浮动轴套式和弹性侧板式两种，其原理都是引入压力油使轴套或侧板紧贴齿轮端面。压力越高，贴得越紧，因而可以自动补偿端面磨损和减小间隙。图 2-8（a）所示为浮动轴套的中高压齿轮泵的工作原理示意。图中轴套 1 浮动安装，轴套左侧的空腔 A 与泵的压油腔相通，弹簧 4 使轴套 1 靠紧齿轮形成初始良好密封，工作时轴套 1 受左侧油压的作用而向右移动，将齿轮两侧压得更紧，从而自动补偿端面间隙，提高容积效率。

图 2-8（b）所示为浮动侧板式的间隙补偿原理图。它也是利用泵的出口压力油引到浮动侧板 5 的外侧，使其和齿轮端面贴紧，从而消除并补偿间隙。

弹性侧板式间隙补偿装置如图 2-8（c）所示。它是利用泵的出口压力油引到弹性侧板面 6 后，靠板自身的变形来补偿端面间隙的。侧板的厚度较薄，内侧面要耐磨。

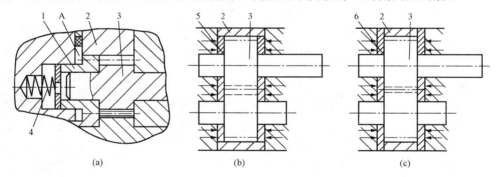

图 2-8　轴向间隙补偿装置示意
（a）浮动轴套式；（b）浮动侧板式；（c）弹性侧板式
1—轴套；2—泵体；3—齿轮轴；4—弹簧；5—浮动侧板；6—弹性侧板

三、外啮合齿轮泵的典型结构

CB-B 型泵的额定压力为 2.5MPa，属于低压齿轮泵，其排量为 2.5～125mL/r，额定转速为 1450r/min，主要用于机床（自动车床、磨床）作动力源以及各种补油、润滑和冷却系统。下面以 CB-B 型齿轮泵为例，介绍外啮合齿轮泵的结构。

如图 2-9 所示，CB-B 型齿轮泵由泵体和前、后端盖组成分离三片式结构，用两个定位销 17 定位，用六个螺钉压紧。一对齿轮装在泵体 7 中，电动机带动主动轴 12 及其上的主动齿轮 6 旋转。四个滚针轴承 3 分别装在前、后端盖中。为使齿轮转动灵活且泄漏量最少，齿轮端面与前、后端盖间留有 0.025～0.06mm 的轴向间隙，齿顶与泵体内表面留有 0.13～

0.26mm 的径向间隙。

该泵采用内泄漏结构。泄油通道 14 将泄漏到轴承的油引向吸油腔。在泵体两端面，还各开有一条压力卸荷槽 16，由侧面泄漏的油液经卸荷槽流回吸油腔，这样可以降低泵体与端盖接合面间泄漏油的压力，以降低螺钉承受的拉力。

为了消除困油现象，在前、后端盖上各铣有两个不对称矩形困油卸荷槽 18。吸、压油口开在后端盖上。为了减小径向不平衡力，改善轴承受力情况，采用了缩小压油口的措施。

该泵由于困油卸荷槽不对称分布，进、出油口的大小不同等因素而不能反转用，也不能作为液压马达。

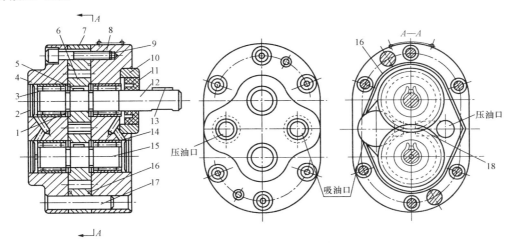

图 2 - 9　CB-B 型低压齿轮泵

1—弹簧挡圈；2—轴承端盖；3—滚针轴承；4—后端盖；5、13—键；6—主动齿轮；7—泵体；
8—前端盖；9—螺钉；10—密封座；11—密封圈；12—主动轴；14—泄油通道；
15—从动轴；16—压力卸荷槽；17—定位销；18—困油卸荷槽

四、齿轮泵的排量和流量

齿轮泵的排量 V 可看做两个齿轮齿槽容积之和。假设齿槽容积等于轮齿的体积，那么齿轮泵的排量就等于一个齿轮的齿槽和轮齿体积的总和（见图 2 - 10）。若齿轮齿数为 z，模数为 m，节圆直径为 $D = mz$，有效齿高 $h = 2m$，齿宽为 B，于是齿轮泵的排量为

$$V = \pi DhB = 2\pi zm^2 B \qquad (2 - 11)$$

实际上，齿槽的容积比轮齿的体积稍大，故式（2 - 11）中的 π 常以 3.33 代替，则式（2 - 11）可写成

$$V = 6.66m^2 zB \qquad (2 - 12)$$

齿轮泵的理论流量

$$q_t = Vn = 6.66zm^2 Bn \qquad (2 - 13)$$

式中　n——齿轮泵转速。

齿轮泵的实际输出流量

$$q = q_t \eta_V = 6.66zm^2 Bn\eta_V \qquad (2 - 14)$$

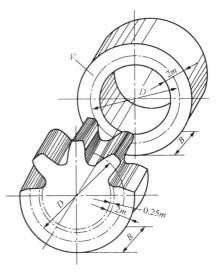

图 2 - 10　齿轮泵流量计算示意

式中　η_V——齿轮泵的容积效率。

由于齿轮泵的实际输油量是有脉动的，故式（2-13）所表示的是齿轮泵的平均输油量。

五、齿轮泵的常见故障、原因及排除方法

齿轮泵的常见故障、原因及排除方法见表 2-2。

表 2-2　　　　　　　　　**齿轮泵的常见故障、原因及排除方法**

故障现象	产生原因	排除方法
泵噪声大或压力波动严重	1. 过滤器被污物阻塞或吸油管贴近过滤器底面； 2. 油管露出油面或伸入油箱较浅，或吸油位置太高； 3. 箱中的油液不足； 4. 泵体与泵盖的平面度不好或泵的密封不好，易使空气混入； 5. 泵和电动机的联轴器碰撞； 6. 轮齿的齿形精度不好； 7. CB 型齿轮泵骨架式油封损坏或装配时骨架式油封内弹簧脱落	1. 清除过滤器铜网上的污物，吸油管不得贴近过滤器底面，否则会造成吸油不畅； 2. 吸油管应伸入至油箱内 2/3 深度位置，吸油位置不得超过 500mm； 3. 按油标规定线加注油液； 4. 在平面上用金刚砂研磨，使其平面度不超过 $5\mu m$（同时注重垂直度要求），并且紧固各连接件； 5. 更新联轴器中的橡皮圈损坏需要，装配时应保证同轴度要求； 6. 调换齿轮或修整齿形； 7. 检查骨架油封，若损坏则应更换，避免空气吸入
输出流量不足或压力提不高	1. 轴向间隙与径向间隙过大； 2. 连接处有泄漏，因而引起空气混入； 3. 油液黏度太高或油温过高； 4. 电动机旋转方向不对，造成泵不吸油，并在泵吸油口有大量气泡； 5. 过滤器或管道堵塞； 6. 压力阀中的阀芯在阀体中移动不灵活	1. 修复或更新泵的机件； 2. 紧固连接处的螺钉，严防泄漏； 3. 选用合适黏度的液压油，并注意气温变化时对油温的影响； 4. 改变电动机的旋转方向； 5. 清除污物，定期更换油液； 6. 检查压力阀，使阀芯在阀体中移动灵活
泵严重发热（泵温应低于 65℃）	1. 油在油管中压力损失过大、流速过高； 2. 油液黏度过高； 3. 油箱小，散热不好； 4. 泵的径向间隙或轴向间隙过小； 5. 卸荷方法不当或泵带压溢流时间过长	1. 加粗油管，调整系统布局； 2. 更换适当的油液； 3. 加大油箱容积或增加冷却装置； 4. 调整间隙或调整齿轮； 5. 改进卸荷方法或减少泵带压溢流时间
外泄漏	1. 泵盖上的回油孔堵塞； 2. 泵盖与密封圈配合过松； 3. 密封圈失效或装配不当； 4. 零件密封面划痕严重	1. 清洗回油孔； 2. 调整配合间隙； 3. 更换密封圈或重新配研零件； 4. 修磨或更换零件

第三节　叶　片　泵

叶片泵在机床、工程机械、船舶、压铸及冶金设备中应用十分广泛。叶片泵具有流量均匀、运转平稳、噪声低、体积小、重量轻等优点，但结构复杂，吸油腔特性差，对油液的污染较敏感。

叶片泵按其工作原理可分为单作用式和双作用式两种。双作用式与单作用式相比，其流量均匀性好，所受的径向力基本平衡，应用较广。双作用叶片泵常做成定量泵，而单作用叶片泵可以做成多种形式的变量泵。一般叶片泵的额定压力为 6.3MPa，随着结构和工艺材料的不断改进，叶片泵也逐步向中、高压方向发展，现有产品的额定压力高达 28MPa。

一、双作用式叶片泵

1. 双作用式叶片泵的工作原理

图 2-11 所示为双作用式叶片泵的工作原理图。它主要由定子 1、转子 2、叶片 3、泵体 4、配油盘 5 等组成。定子内表面是由两段长半径 R 圆弧、两段短半径 r 圆弧和四段过渡曲线八个部分组成，且定子和转子是同心的。转子旋转时，叶片靠离心力和根部油压作用伸出紧贴在定子的内表面上，两两叶片之间和转子的外圆柱面、定子内表面及前后配油盘形成了一个个密封工作容腔。如图中转子顺时针方向旋转时，密封工作腔的容积在左上角和右下角处逐渐增大，形成局部真空而吸油，为吸油区。在右上角和左下角处逐渐减小而压油，为压油区。吸油区和压油区之间有一段封油区把它们隔开。这种泵的转子每转一周，每个密封工作腔吸油、压油各两次，故称双作用式叶片泵。泵的两个吸油区和压油区是径向对称的，作用在转子上的径向液压力平衡，所以又称为平衡式叶片泵。

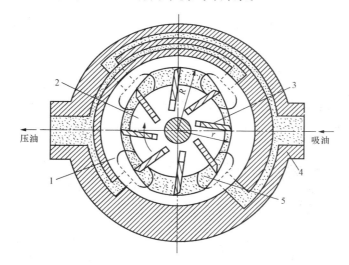

图 2-11　双作用式叶片泵工作原理图
1—定子；2—转子；3—叶片；4—泵体；5—配油盘

2. 双作用式叶片泵的典型结构及结构特点

（1）YB₁ 型叶片泵结构。YB 型叶片泵是我国第一代国产叶片泵第五次改型产品，具有结构简单，性能稳定，排量范围大，压力流量脉动小，噪声低，寿命长等一系列优点，广泛应用于机床设备和其他中低压液压系统中。YB₁ 型为 YB 型的改进型。

YB₁ 型叶片泵的结构如图 2-12 所示，它由前、后泵体 7、6，左、右配油盘 1、5，定子 4、转子 12 等组成。为了便于装配和使用，两个配油盘与定子、转子和叶片可组装成一个部件。两个长螺钉 13 为组件的紧固螺钉，其头部作为定位销插入后泵体的定位孔内，以保证配油盘上吸、压油窗口的位置能与定子内表面的过渡曲线对应。转子上开有 12 条狭槽，叶片 11 安装在槽内，并可在槽内自由滑动。转子通过内花键与主动轴相配合，主动轴由两个滚珠轴承 2 和 8 支撑，以使其工作可靠。骨架式密封圈 9 安装在盖板 10 上，用来防止油液泄漏和空气渗入。

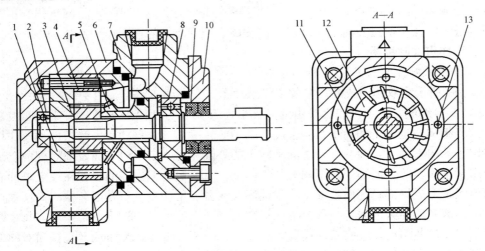

图 2-12　YB₁ 型叶片泵的结构

1—左配油盘；2、8—滚珠轴承；3—主动轴；4—定子；5—右配油盘；6—后泵体；7—前泵体；
9—密封圈；10—盖板；11—叶片；12—转子；13—长螺钉

（2）结构特点。

1）定子过渡曲线。定子内表面曲线由四段圆弧和四段过渡曲线组成。理想的过渡曲线不仅应使叶片在槽中滑动时的径向速度和加速度变化均匀，而且应使叶片转到过渡曲线和圆弧交接点的加速度突变不大，以减少冲击和噪声。目前，双作用叶片泵一般都采用等加速等减速曲线。

2）配油盘结构。配油盘的结构如图 2-13 所示，两个凹下部分 b 为吸油窗口，两个腰形的透孔 a 为压油窗口。在压油窗口上开有三角形的卸荷槽 e，用来使叶片间的密封工作容腔逐渐地与压油窗口接通，以免高、低压区突然接通而产生液压冲击和噪声，消除困油现象。

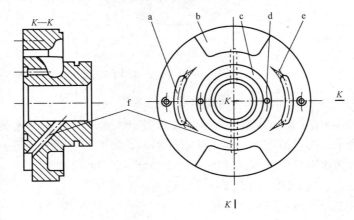

图 2-13　叶片泵配油盘结构

3）端面间隙的自动补偿。将右配油盘的右侧与压油腔相通，使配油盘在液压推力作用下，能贴紧定子，以减少端面泄漏，保证泵有较高的容积效率。

4）叶片倾角。双作用式叶片泵的叶片不是沿径向安装，而是沿转子旋转方向向前倾斜一个角度（10°～14°），这是为了减小压力角，以减少叶片在槽中的磨损，避免叶片卡死或折断。

3. 双联叶片泵

若把双作用叶片泵的两套定子、转子、配流盘等零件装在一个泵体内，并用同一根轴驱动，则成为双联叶片泵。其结构和图形符号如图 2-14 所示。双联叶片泵一般是由一个低压大流量泵和一个高压小流量泵组成，两套配流装置共用一个进油口，但各有自己的出油口，两泵输出的流量能单独使用，也可以合并使用。例如，在机床液压系统中，轻载快速时，两泵可以同时供油；重载慢速时，高压小流量泵单独供油，而低压大流量泵卸荷。这样能降低功率损失，减少油液发热。

双联泵常用在机床等大型设备及有两个互不干扰独立油路要求的液压系统中，除叶片泵外，齿轮泵和柱塞泵也可做成双联泵。

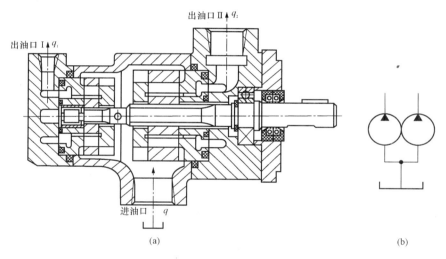

图 2-14　双联叶片泵

(a) 结构；(b) 图形符号

4. 高压叶片泵的结构特点

双作用叶片泵为了保证叶片顶部和定子内表面紧密接触，所有叶片的根部都是通压油腔的。当叶片处于吸油区时，其根部作用着压油腔的压力，顶部却作用着吸油腔的压力，这一压力差使叶片以很大的力压向定子内表面，加速了定子内表面的磨损。当提高泵的工作压力时，这问题就更显突出，所以必须在结构上采取措施，使吸油区叶片压向定子的作用力减小。高压叶片泵常用的叶片卸荷方法有以下两种：

（1）采用双叶片结构。图 2-15 所示为双叶片结构。在转子 2 的叶片槽内装有两片叶片 1，每个叶片的内侧均倒角，两叶片之间便构成了侧面的 V 形通道，油液能够通过此通道由叶片底部到叶片与定子之间的接触处，使叶片顶部和根部的油压相等。两个叶片可以相对滑动，在任何位置叶片顶端都有两处与定子接触，因而密封可靠。这种叶片泵工作压力可以达到 16MPa。

（2）采用子母叶片结构。子母叶片又称为复合叶片，如图 2-16 所示。母叶片 1 的根部

L 腔经转子 2 上虚线所示的油孔始终与 1 顶部油腔相通，而子叶片 4 和母叶片间的小腔 C 通过配流盘经 K 槽总是接通压力油。当叶片在吸油区工作时，推动母叶片压向定子 3 的力仅为小腔 C 的油压力，此力不大，但能使叶片与定子接触良好，保证密封。这种方法已用于工作压力达 21MPa 的高压叶片泵上。

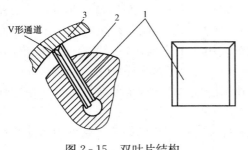

图 2-15　双叶片结构

1—叶片；2—转子；3—定子

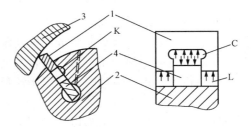

图 2-16　子母叶片结构

1—母叶片；2—转子；3—定子；4—子叶片

二、单作用式叶片泵

1. 单作用式叶片泵的工作原理

图 2-17 所示为单作用式叶片泵的工作原理图。它也是由定子、转子、叶片、配油盘等组成，但定子内表面为圆形，定子与转子中心不重合，二者有一偏心距 e。配油盘上只有一个吸油窗口和一个压油窗口。当电动机驱动转子朝箭头方向旋转时，密封工作腔发生周期性的变化，形成吸油和压油。

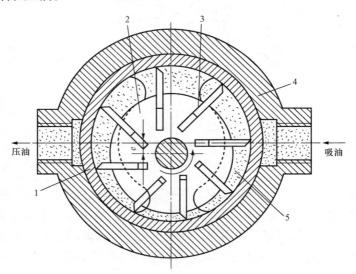

图 2-17　单作用式叶片泵的工作原理图

1—定子；2—转子；3—叶片；4—泵体；5—配油盘

这种叶片泵，由于泵每转一周吸油、压油各一次，故称为单作用式叶片泵。又因转子受不平衡径向液压力作用，也称为非平衡式叶片泵。由于轴承承受负荷大，压力提高受到限制。改变偏心距 e，便可改变泵的排量及流量，所以单作用式叶片泵是变量泵。

2. 限压式变量叶片泵

变量叶片泵的变量方式有手调和自调两种。下面介绍一种常用的自调限压式变量泵——外反馈式变量叶片泵。

外反馈式变量叶片泵的工作原理如图 2-18 所示。转子 1 的中心 O_1 是固定的，定子 2 则可以左右移动，定子在右侧限压弹簧 3 的作用下，被推向左端与反馈缸柱塞 6 靠牢。使定子和转子间有原始偏心量 e_0，它决定了泵的最大流量，e_0 的大小可通过流量调节螺钉 7 调节。泵的出口压力 p，经泵体内通道作用于左侧反馈缸柱塞 6 上，使反馈柱塞对定子 2 产生一个作用力 pA（A 为柱塞面积）。

由于泵的出口压力 p 决定于外负载，随负载而变化。当供油压力较低，$pA \leqslant kx_0$ 时（k 为弹簧刚度，x_0 为弹簧的预压缩量），定子不动，最大偏心距 e_0 保持不变，泵的输出流量为最大。当泵的工作压力升高而大于限定压力 p_B 时，$pA \geqslant kx_0$ 这时限压弹簧被压缩，定子右移，偏心量减少，泵的流量也随之减小。泵的工作压力越高偏心量就越小，泵的流量也就越小。当泵的压力增加使定子和转子偏心量近似为零时（微小偏心量所排出流量只补偿内泄漏），泵的输出流量为零。此时泵的压力 p_C 称为泵的极限工作压力。p_B 称为限定压力（即保持原偏心量 e_0 不变时的最大工作压力）。

限压式变量泵的流量压力特性曲线如图 2-19 所示。流量调节螺钉 7，可改变偏心量 e_0，输出流量随之变化，AB 曲线上下平移。调节限压螺钉 4 时，改变 x_0 可使 BC 曲线左右平移。

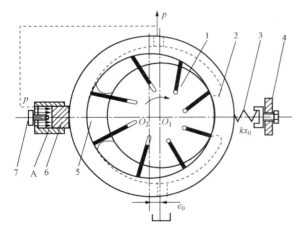

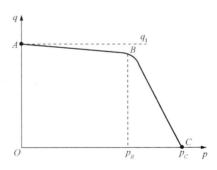

图 2-18　外反馈式变量叶片泵的工作原理图

1—转子；2—定子；3—弹簧；4—限压螺钉；5—配油盘；

6—反馈缸柱塞；7—流量调节螺钉

图 2-19　限压式变量叶片泵的
流量压力特性曲线

3. 限压式变量叶片泵的调整和应用

由限压式变量泵的流量压力特性曲线（见图 2-19）可知，它适用于机床有快进、慢进及保压系统的场合。快速时负载小，压力低，流量大，泵处于特性曲线 AB 段；慢速进给时，负载大，压力高，流量小，泵自动转换到特性曲线 BC 段某点工作；保压时，在近 p_C 点工作，提供小流量补偿系统泄漏。

某限压泵原特性曲线如图 2-20 中曲线 Ⅰ 所示，若机床快进时所需泵的工作压力为 1MPa，流量为 30L/min，工进时泵的工作压力为 4MPa，所需要流量为 5L/min，调整泵的 q-p 特性曲线以满足工作需要。

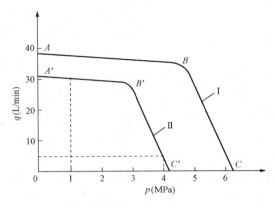

图 2-20　限压式变量叶片泵 q-p 特性曲线调整

根据题意，若按泵的原始 q-p 特性曲线工作，快进流量太大，工进时泵的出口工作压力也太高，与机床工作要求不相适应，所以必须进行调整。调整时一般先调整流量调节螺钉 7，移动定子减小偏心量 e_0，使 AB 曲线向下移至流量为 30L/min 处，然后再调整限压螺钉 4，减小弹簧预压缩量，使 BC 段左移到曲线 II 上工作，以满足机床工作需求。曲线 II 为调整后泵的工作特性曲线。

限压式变量叶片泵常用于执行元件需要有快、慢速运动的液压系统中，可以降低功率损耗，减少油液发热，与采用双联泵供油相比，可以简化油路，节省液压元件。

三、叶片泵的常见故障、原因及排除方法

叶片泵的常见故障、原因及排除方法见表 2-3。

表 2-3　　　　　　　　叶片泵的常见故障、原因及排除方法

故 障 现 象	产 生 原 因	排 除 方 法
泵噪声过大	1. 吸油口或过滤器部分堵塞； 2. 吸油口连接处密封不严，有空气进入； 3. 吸油口高度太大，油箱液面低； 4. 泵与联轴器不同轴或松动； 5. 连接螺钉松动； 6. 液压油黏度太大，吸油口过滤器的通流能力小； 7. 定子内表面拉毛； 8. 定子吸油区内表面磨损； 9. 个别叶片运动不灵活或装反	1. 除去污物，使吸油管路畅通； 2. 加强密封，紧固连接件； 3. 降低吸油口高度，向油箱加油； 4. 重新安装，使其同轴心，紧固连接件； 5. 适当拧紧； 6. 更换黏度适当的液压油，更换通流能力较大的过滤器； 7. 抛光定子内表面； 8. 将定子翻转装入； 9. 逐个检查、重装，对不灵活叶片重新装配
泵输出流量不足甚至完全不排油	1. 电动机转向不对； 2. 油箱液面过低； 3. 吸油管路或过滤器堵塞； 4. 电动机转速过低； 5. 液压油黏度过大； 6. 配油盘端面磨损； 7. 叶片与定子内表面接触不良； 8. 叶片在叶片槽内卡死或移动不灵活； 9. 连接螺钉松动； 10. 溢流阀失灵	1. 纠正转向； 2. 补油至油标线； 3. 疏通吸油管路，清洗过滤器； 4. 使转速达到液压泵的最低转速以上； 5. 检查油质，更换黏度适合的液压油或提高油温； 6. 修磨端面或更换配油盘； 7. 修磨接触面或更换叶片； 8. 逐个检查，对移动不灵活的叶片重新研配； 9. 适当拧紧； 10. 调整、拆卸、清洗溢流阀

故 障 现 象	产 生 原 因	排 除 方 法
泵温升过高	1. 压力过高，转速太快； 2. 液压油黏度过大； 3. 油箱散热条件差； 4. 配油盘与转子严重摩擦； 5. 油箱容积太小； 6. 叶片与定子内表面磨损严重	1. 调整压力阀，降低转速； 2. 选用黏度适宜的油液； 3. 加大油箱容积或增加冷却装置； 4. 修理或更换配油盘或转子； 5. 加大油箱，扩大散热面积； 6. 修磨或更换叶片、定子，采取措施，减小磨损

第四节 柱 塞 泵

叶片泵和齿轮泵，受使用寿命或容积效率的影响，一般只宜做中低压泵。柱塞泵是利用柱塞在缸体内做往复运动产生的密封工作容积变化来实现泵的吸油和压油的。由于柱塞和柱塞孔都是圆形零件，因此加工方便，配合精度高，密封性能好，容积效率高。同时，柱塞处于受压状态时，能使材料的强度性能得到充分发挥，它可通过改变柱塞的工作行程达到改变泵的流量，故易于实现流量调节及液流方向的改变。因此，柱塞泵的主要优点是结构紧凑，压力高，效率高，流量调节方便等。其缺点是结构复杂，价格高，对油液的污染敏感。由于单柱塞泵只能断续供油，因此实际应用的柱塞泵常由多个单柱塞泵组合而成，根据柱塞泵排列方向不同，分为径向柱塞泵和轴向柱塞泵两大类。

一、径向柱塞泵工作原理

图 2-21 所示为径向柱塞泵工作原理图。这种泵由转子（缸体）1、定子 2、配油轴 5、配油筒套 4 和柱塞 3 等主要零件组成。配油筒套紧配在转子孔内，随着转子一起旋转，而配油轴则是不动的。当转子顺时针旋转时，柱塞在离心力或低压油作用下，压紧在定子内壁上。由于转子和定子间有偏心 e，故转子在上半周转动时柱塞向外伸出，径向孔内的密封工作容积逐渐增大，形成局部真空，将油箱中的油经配油轴上的窗口 a 吸入。转子

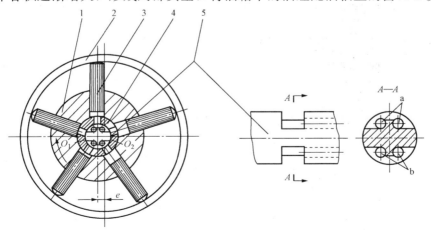

图 2-21 径向柱塞泵工作原理图

1—转子；2—定子；3—柱塞；4—配油筒套；5—配油轴

转到下半周时，柱塞向里推入，密封工作容积逐渐减小，将油液从配油轴上的窗口 b 向外排出。转子每转一周各柱孔吸油和压油各一次。移动定子以改变偏心 e，可以改变泵的排量。

径向柱塞泵径向尺寸大，结构较复杂，自吸能力差，且配油轴受到径向不平衡液压力的作用，易于磨损，这些都限制了它的转速和压力的提高。因此，径向柱塞泵目前应用不多，有被轴向柱塞泵替代的趋势。

下面主要介绍轴向柱塞泵。它常用于需要压力高、流量大及流量需要调节的液压机、工程机械、大功率机床等液压系统中。

二、轴向柱塞泵

1. 轴向柱塞泵工作原理

轴向柱塞泵的柱塞平行于缸体轴心线。泵的工作原理见图 2-22。它主要是由柱塞 5、缸体 7、配油盘 10、倾斜盘 1 等零件组成。倾斜盘 1 和配油盘 10 固定不动，斜盘法线和缸体轴线间的交角为 γ。缸体由传动轴 9 带动旋转，缸体上均匀分布了若干个轴向柱塞孔，孔内装有柱塞 5，内套筒 4 在弹簧 6 作用下，通过压板 3 而使柱塞头部的滑履 2 和斜盘靠牢；同时，外套筒 8 则使缸体 7 和配油盘 10 紧密接触，起密封作用。当缸体按图 2-22 所示方向转动时，由于斜盘和压板的作用，迫使柱塞在缸体内做往复运动，使各柱塞与缸体间的密封容积增大或缩小，通过配油盘的吸油窗口和压油窗口进行吸油和压油。

当缸孔自最低位置向前上方转动（前面半周）时，柱塞在转角 $0\sim\pi$ 范围内逐渐向左伸出，柱塞端部的缸孔内密封容积增大，经配油盘吸油窗口吸油；柱塞在转角 $\pi\sim2\pi$（里面半周）范围内，柱塞被斜盘逐步压入缸体，柱塞端部密封容积减小，经配油盘压油窗口而压油。

如果改变斜盘倾角 γ 的大小，就能改变柱塞的行程长度，也就改变了泵的排量。如果改变斜盘倾角 γ 的方向，就能改变泵的吸压油方向，就成为双向变量轴向柱塞泵。

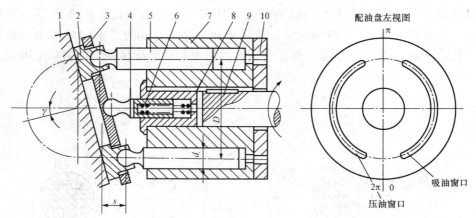

图 2-22　轴向柱塞泵工作原理图

1—倾斜盘；2—滑履；3—压板；4—内套筒；5—柱塞；6—弹簧；7—缸体；

8—外套筒；9—传动轴；10—配油盘

2. 轴向柱塞泵的典型结构及结构特点

（1）典型结构。SCY14-1 型轴向柱塞泵结构如图 2-23 所示。传动轴 9 与缸体 7 用花键连接，带动缸体转动，使均匀分布于缸体上的 7 个柱塞 11 绕传动轴的中心线做往复运动。
每个柱塞的球状头部装有一个滑履 12，由定心弹簧 6 通过内套 4，经钢球 3 和压盘 2，将滑
履压紧在与轴线成一定角度的斜盘 1 上。当缸体回转时，柱塞在各轴向孔中做往复运动，并
通过配油盘上的配油窗进行吸油和压油。

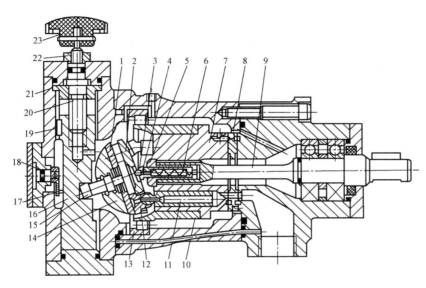

图 2 - 23　SCY14-1 型轴向柱塞泵结构图

1—斜盘；2—压盘；3—钢球；4—内套；5—外套；6—定心弹簧；7—缸体；8—配油盘；
9—传动轴；10—钢套；11—柱塞；12—滑履；13—滚柱轴承；14—变量头；
15—轴销；16—变量柱塞；17—销子；18—刻度盘；19—导向键；
20—螺杆；21—变量壳体；22—锁紧螺母；23—手轮

（2）结构特点。

1）缸体端面间隙的自动补偿装置。由图 2 - 22 可见，使缸体紧压配油盘端面的作用力，
除弹簧 6 的推力外，还有柱塞孔底部的液压力。该液压力比弹簧力大得多，而且随泵的工作
压力增大而增大。因缸体始终受力紧贴
着配油盘，所以端面得到自动补偿，提
高了泵的容积效率。

2）配油盘结构。如图 2 - 24 所示，
a 为吸油窗口，c 为压油窗口，外圈 d
为卸荷槽与回油腔相通，两个通孔 b 和
YB$_1$ 型叶片泵配油盘上的三角槽一样，
起减少冲击、降低噪声的作用。其余四
个小盲孔，可以起储油润滑作用。配油
盘的外圆缺口 e 是定位槽。

3）滑履。斜盘式的柱塞泵中，一
般柱塞头部装一滑履 12（见图 2 - 23），
两者之间为球面接触。而滑履与斜盘

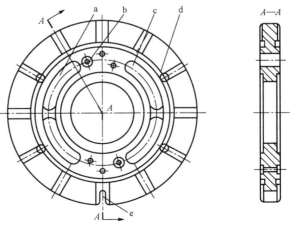

图 2 - 24　柱塞泵的配油盘

之间又以平面接触，改善了柱塞工作受力的情况，并由缸孔中的压力油经柱塞和滑履之间的小孔，润滑各相对运动表面，大大降低了相对运动零件的磨损，这样有利于泵在高压下工作。

4）变量机构。在变量轴向柱塞泵中均设有专门的变量机构，用来改变斜盘倾角的大小，以调节泵的排量，轴向柱塞泵的变量方式有手动、伺服、液力补偿等多种形式。

如图 2-23 所示，变量时，转动手轮 23 调节螺杆 20，变量柱塞 16 将沿轴向移动，通过轴销 15 使斜盘摆动，即可改变斜盘倾角，达到变量的目的。流量调好后，应将锁紧螺母 22 锁紧。

三、柱塞泵的常见故障、原因及排除方法

柱塞泵的常见故障、原因及排除方法见表 2-4。

表 2-4　　　　　　　　　　　柱塞泵的常见故障、原因及排除方法

故障现象	产生原因	排除方法
流量不足或不排油	1. 变量机构失灵或斜盘倾角太小； 2. 回程盘损坏而使盘无法自吸； 3. 中心弹簧断裂而使柱塞回程不够或不能回程，缸体与配流盘间失去密封	1. 修复调整变量机构或增大斜盘倾角； 2. 更换回程盘； 3. 更换弹簧
泵输出压力不足	1. 缸体和配流盘之间、柱塞与缸孔之间严重磨损； 2. 外泄漏； 3. 变量机构倾角太小	1. 修磨接触面，重新调整间隙或更换配流盘和柱塞等； 2. 紧固各连接处，更换油封或油封垫等； 3. 检查变量机构，纠正其调整误差
变量机构失灵	1. 控制油路上的小孔被堵塞； 2. 变量机构中的活塞或弹簧芯轴卡死	1. 净化液压油，用压力油冲洗或将泵拆开，冲洗控制油路的小孔； 2. 若机械卡死应研磨修复，若油液污染应净化油液
柱塞泵不转或转动不灵活	柱塞与缸体运动不灵活，甚至卡死、柱塞球头折断，滑靴脱落、磨损严重	修磨配流盘与缸体的接触面，保证接触良好，更换磨损零件

本　章　小　结

（1）液压泵是液压系统的动力元件，用来将机械能转换为液体压力能。本章主要介绍了齿轮泵、叶片泵和柱塞泵三大类型液压泵的工作原理、工作特点、典型结构及特点，并针对泵的常见故障，提出了解决措施。

（2）在设计液压系统时，应根据设备的工作情况和系统的工作压力、流量、工作性能合理地选用液压泵。表 2-5 列出了液压系统中常用液压泵的一般性能比较。

表 2 - 5　　　　　　　　　　　　各类液压泵的性能比较及应用

类型项目	齿轮泵	双作用叶片泵	限压式变量叶片泵	轴向柱塞泵	径向柱塞泵
工作压力（MPa）	<20	6.3～21	≤7	20～35	10～20
转速范围（r/min）	300～7000	500～4000	500～2000	600～6000	700～1800
容积效率	0.70～0.95	0.80～0.95	0.80～0.90	0.90～0.98	0.85～0.95
总效率	0.60～0.85	0.75～0.85	0.70～0.85	0.85～0.95	0.75～0.92
功率重量比	中等	中等	小	大	小
流量脉动率	大	小	中等	中等	中等
自吸特性	好	较差	较差	较差	差
对油的污染敏感性	不敏感	敏感	敏感	敏感	敏感
噪声	大	小	较大	大	大
寿命	较短	较长	较短	长	长
单位功率造价	最低	中等	较高	高	高
应用范围	机床、工程机械、农机、航空、船舶、一般机械	机床、液压机、起重运输机械、工程机械、飞机等	机床、注塑机	工程机械、锻压机械起重运输机械、矿山机械、冶金机械、船舶、飞机	机床、液压机、船舶机械

一般在负载小、功率小的液压设备中，可选用齿轮泵、双作用叶片泵；精度较高的机械设备（磨床）中，可选用双作用叶片泵等；在负载较大并有快速和慢速工作行程的机械设备（组合机床），可选用限压式变量叶片泵和双联叶片泵；负载大、功率大的设备（刨床、拉床、压力机）可选用柱塞泵；机械设备的辅助装置如送料、夹紧等不重要场合，可选用价格低廉的齿轮泵。

复习思考题

2-1　液压泵要完成吸油和压油，必须具备的条件是什么？

2-2　何谓齿轮泵的困油现象？如何消除？

2-3　在齿轮泵中，为什么会产生径向不平衡？

2-4　高压叶片泵的结构特点是什么？

2-5　限压式变量叶片泵的工作特点是什么？

2-6　各类液压泵中，哪些能实现单向变量或双向变量？画出定量泵和变量泵的符号。

2-7　为什么轴向柱塞泵适用于高压工作状态？

习　　题

2-1　某液压泵的输出油压 $p=10\mathrm{MPa}$，转速 $n=1450\mathrm{r/min}$，泵的排量 $V_B=46.2\mathrm{mL/r}$，容积效率为 $\eta_V=0.95$，机械效率为 $\eta_m=0.9$。试求：

（1）液压泵的输出功率是多少？

（2）驱动该液压泵的电动机所需功率至少为多少？

2-2 某液压泵的额定流量 $q=32L/min$，额定压力 $p=2.5MPa$，额定转速 $n=1450r/min$，泵的机械效率 $\eta_m=0.85$。由实验测得，当泵的出口压力近似为零时，其流量 $q=35.6L/min$，求该泵的容积效率和总效率是多少？

2-3 某液压系统，采用限压式变量泵，泵的流量—压力特性曲线 ABC，其标点 B 处泵的压力 $p=5MPa$，输出流量 $q=25L/min$，泵的容积效率 $\eta_V=0.83$，总效率 $\eta=0.75$，当系统的工作压力达到 6MPa 时，泵的输出流量为零。请画出流量—压力特性曲线 ABC。

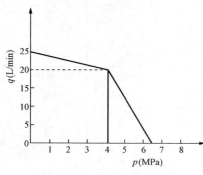

图 2-25 题 2-4 图

2-4 某液压系统采用限压式变量泵供油，泵的效率为 0.75，泵的流量压力特性曲线如图 2-25 所示，当工作压力为 5MPa 时，试求：

（1）液压泵的输出功率是多少？

（2）驱动该液压泵所需电动机的功率是多少？

第三章 液压执行元件

液压缸与液压马达同属于液压系统执行元件，都是将液压能转换成机械能的一种能量转换装置。它们的区别是：液压马达将液压能转换成连续回转的机械能，输出通常为转矩与转速；而液压缸则将液压能转换成能进行直线运动（或往复直线运动）的机械能，输出的通常为推力（或拉力）与直线运动速度。

第一节 液 压 马 达

一、液压马达类型

液压马达的类型很多，按其排量能否调节，可分为定量马达和变量马达；按其输出转矩大小和转速的高低不同，可分为高速小转矩马达（转速一般为 $300\sim3000\text{r/min}$，转矩在 $100\text{N}\cdot\text{m}$ 以下）和低速大转矩马达；按其结构形式，可分为齿轮式、叶片式和柱塞式马达等。

液压马达的图形符号如图 3-1 所示。

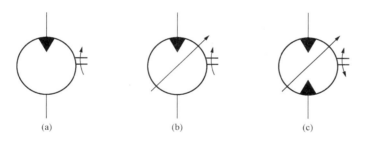

图 3-1 液压马达的图形符号
(a) 单向定量马达；(b) 单向变量马达；(c) 双向变量马达

二、液压马达的工作原理及其应用

从原理上讲，液压泵和液压马达是可逆的。当用电动机带动其转动时为液压泵；反之，当通入压力油时为液压马达。在结构上，液压泵和液压马达也基本相同，但由于用途不同，它们的实际结构是有差别的。并非所有的液压泵与液压马达都可逆，详细情况将在具体结构内容中介绍。下面首先介绍常用的轴向柱塞式马达和叶片式马达的工作原理。

1. 轴向柱塞式液压马达

图 3-2 所示为轴向柱塞式液压马达的工作原理图。斜盘 1 和配油盘 4 固定不动，缸体 3 及其上的柱塞 2 可绕缸体的水平轴线旋转。当压力油经配油盘通入柱塞底部孔时，柱塞受压力油作用向外伸出，并紧紧压在斜盘上，这时斜盘对柱塞产生一反作用力 F。由于斜盘倾斜角为 γ，所以 F 可分解为两个分力：一个是轴向分力 F_x，它和作用在柱塞上的液压作用力相平衡；另一个分力是 F_y，它使缸体产生转矩。两个分力的计算值分别为

$$F_x = p \frac{\pi}{4} d^2$$

$$F_y = F_x \tan\gamma = p \frac{\pi}{4} d^2 \tan\gamma$$

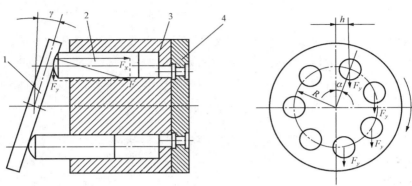

图 3-2　轴向柱塞式液压马达工作原理图
1—斜盘；2—柱塞；3—缸体；4—配油盘

分力 F_y 对缸体轴线产生力矩，带动缸体旋转。缸体再通过主轴（图中未标明）向外输出转矩和转速，成为液压马达。由图 3-2 可见，处于压油区（半周）内每个柱塞上的 F 对缸体产生的瞬时转矩 T' 为

$$T' = F_y h = F_y R \sin\alpha \tag{3-1}$$

式中　h——F 与缸体轴心线垂直距离；

　　　R——柱塞在缸体上的分布圆半径；

　　　α——压油区内柱塞对缸体轴心线的瞬时方位角。

液压马达的输出转矩，等于处在高压腔柱塞产生转矩的总和。由于柱塞的瞬时方位角是变量，使转矩也按正弦规律变化，故液压马达输出的转矩也是脉动的。

2. 叶片液压马达

图 3-3 所示为叶片式液压马达的工作原理图，当压力油通入压油腔后，在叶片 1、3

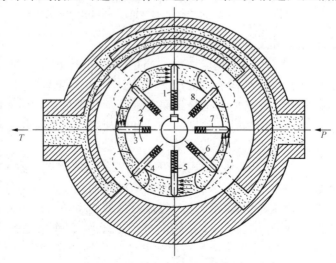

图 3-3　叶片式液压马达工作原理图

（或 5、7）上，一面作用有压力油，另一面则为无压油，由于叶片 1、5 受力面积大于叶片 3、7，从而由叶片受压力差构成的力矩推动转子和叶片做顺时针方向旋转。

为使液压马达正常工作，叶片式液压马达在结构上与叶片泵有一些重要区别。根据液压马达要双向旋转的要求，马达的叶片既不前倾也不后倾，而是径向放置。叶片应始终紧贴定子内表面，以保证正常启动。因此，在吸、压油腔通入叶片根部的通路上应设置单向阀，使叶片底部能与压力油相通外，还另设弹簧，使叶片始终处于伸出状态，保证初始密封。

叶片式液压马达的转子惯性小，动作灵敏，适用于换向频率较高的场合。但泄漏量较大，不宜在低速下工作。因此，叶片式液压马达一般用于转速较高、转矩小、动作要求灵敏的场合。

三、液压马达的主要性能参数

1. 液压马达的压力、排量和流量

液压马达的压力、排量和流量均是指马达进油口处的输入值，它们的定义与液压泵的相同。

2. 液压马达的功率和效率

马达的理论液压功率应无损耗地全部转换为马达的理论机械功率，则

$$p_M V_M n_M = T_{Mt}(2\pi n_M)$$

于是

$$T_{Mt} = \frac{p_M V_M}{2\pi} \tag{3-2}$$

式中　p_M——马达的输入压力；

　　　V_M——马达的排量；

　　　n_M——马达的实际转速；

　　　T_{Mt}——马达的理论转矩。

（1）马达输入功率 P_{Mi}。马达输入的功率为液压功率 P_{Mi}

$$P_{Mi} = p_M q_M \tag{3-3}$$

式中　q_M——马达的输入流量。

（2）马达的容积功率 η_{MV}。由于马达存在泄漏，马达的理论流量 q_{Mt} 总是小于马达的输入流量 q_M。其容积效率 η_{MV} 为

$$\eta_{MV} = \frac{q_{Mt}}{q_M} \tag{3-4}$$

将式（2-1）代入，得

$$\eta_{MV} = \frac{V_M n_M}{q_M} \tag{3-5}$$

液压马达的转速为

$$n_M = \frac{q_M}{V_M}\eta_{MV} \tag{3-6}$$

（3）马达的机械效率 η_{Mm}。实际马达有各种机械损失，马达的实际输出转矩 T_M 总是小于其理论转矩 T_{Mt}，其机械效率 η_{Mm} 为

$$\eta_{Mm} = \frac{T_M}{T_{Mt}} \qquad\qquad (3-7)$$

将式（3-2）代入，有

$$\eta_{Mm} = \frac{T_M}{\dfrac{p_M V_M}{2\pi}} \qquad\qquad (3-8)$$

液压马达的输出转矩为

$$T_M = \frac{p_M V_M}{2\pi}\eta_{Mm} \qquad\qquad (3-9)$$

（4）马达的输出功率 P_{Mo}。马达对外做功的机械功率称为马达的输出功率 P_{Mo}，有

$$P_{Mo} = T_M 2\pi n_M \qquad\qquad (3-10)$$

（5）马达的总效率 η_M。液压马达的总效率为马达的输出功率与输入功率之比，则

$$\eta_M = \frac{P_{Mo}}{P_{Mi}} \qquad\qquad (3-11)$$

将式（3-3）、式（3-10）代入，得

$$\eta_M = \frac{T_M(2\pi n_M)}{p_M q_M} = \frac{T_M(2\pi n_M)}{p_M\dfrac{V_M n_M}{\eta_{MV}}} = \eta_{MV}\frac{T_M}{\dfrac{p_M V_M}{2\pi}} = \eta_{MV}\eta_{Mm} \qquad (3-12)$$

即马达的总效率 η_M 等于容积效率 η_{MV} 和机械效率 η_{Mm} 的乘积。

四、液压马达的常见故障及排除

液压马达的常见故障及排除方法见表 3-1。

表 3-1　　　　　　　　　　液压马达的常见故障及排除方法

故 障 现 象	产 生 原 因	排 除 方 法
转速低或输出功率不足	1. 液压泵输出流量或压力不足； 2. 液压马达内部泄漏严重； 3. 液压马达外部泄漏严重； 4. 液压马达磨损严重； 5. 液压油黏度不适当	1. 查明原因，采取相应措施； 2. 查明泄漏部位和原因，采取密封措施； 3. 加强密封； 4. 更换磨损的零件； 5. 按要求选用黏度适当的液压油
噪声大	1. 进油口堵塞； 2. 进油口泄气； 3. 液压油不洁净，空气混入； 4. 液压马达安装不妥； 5. 液压马达零件磨损	1. 排除污物； 2. 拧紧接头； 3. 加强过滤，排除气体； 4. 重新安装； 5. 更换磨损的零件
泄漏	1. 管接头未拧紧； 2. 接合面螺钉未拧紧； 3. 密封件损坏； 4. 配油装置发生故障； 5. 运动件间的间隙过大	1. 拧紧管接头； 2. 拧紧螺钉； 3. 更换密封件； 4. 检修配油装置； 5. 重新装配或调整间隙

第二节　液压缸的分类及特点

根据结构特点，液压缸可分为活塞式、柱塞式和摆动式三种类型。活塞缸和柱塞缸用以实现直线运动，输出推力和速度；摆动缸用以实现小于360°的摆动，输出转矩和角速度。按作用方式的不同，液压缸又可分为单作用式和双作用式两种。单作用式液压缸中的液压力只能使活塞（或柱塞）单向运动，反方向运动必须靠外力（如弹簧力、自重等）实现，双作用式液压缸可由液压力实现两个方向的运动。

一、活塞式液压缸

活塞式液压缸分为双杆式和单杆式两种，其固定方式有缸体固定和活塞杆固定两种。

1. 双活塞杆液压缸

双活塞杆液压缸根据其是活塞杆固定还是缸体固定，又可分为实心双活塞杆液压缸和空心双活塞杆液压缸两种。

图 3-4（a）所示为缸体固定式结构简图。当缸的左腔进压力油，右腔回油时，活塞带动工作台向右移动；反之，缸的右腔进压力油，左腔回油时，活塞带动工作台向左移动。工作台的运动范围约等于缸有效行程的三倍，一般用于小型设备的液压系统。

图 3-4（b）所示为活塞杆固定式结构简图，液压油经空心活塞杆的中心孔及其活塞处的径向孔 c、d 进、出液压缸。当缸的左腔进压力油，右腔回油时，缸体带动工作台向左移动；反之，缸的右腔进压力油，左腔回油时，缸体带动工作台向右移动。其工作台运动范围约等于缸有效行程的两倍，常用于行程长的大中型设备的液压系统。

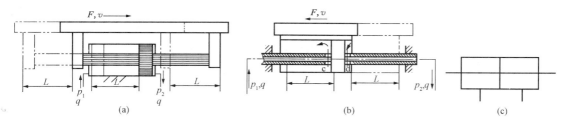

图 3-4　双活塞杆液压缸
(a) 缸体固定；(b) 活塞杆固定；(c) 图形符号

因活塞两端有效面积相等，如果供油压力和流量不变，那么活塞往返运动时两个方向的运动速度 v 和液压推力 F 均相等，即

$$v = \frac{q}{A} = \frac{4q}{\pi(D^2 - d^2)} \tag{3-13}$$

$$F = A(p_1 - p_2) = \frac{\pi(D^2 - d^2)}{4}(p_1 - p_2) \tag{3-14}$$

式中　q——输入流量；

　　　A——活塞有效工作面积；

　　D、d——活塞、活塞杆直径；

　p_1、p_2——缸进、出口压力。

2. 单活塞杆液压缸

单活塞杆液压缸也有缸体固定和活塞杆固定两种安装形式。无论采用哪一种形式，工作台的运动范围都约等于缸有效行程的两倍，故结构简单，应用广泛。

在图 3-5 所示的单活塞杆液压缸中，其活塞的一侧有杆伸出，两腔的有效工作面积不等。当向两腔分别供油，且供油的压力和流量相同时，活塞或缸体在两个方向上的运动速度是不相同的。

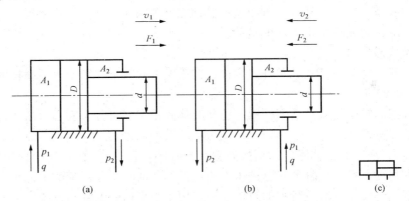

图 3-5　单活塞杆液压缸

(a) 无杆腔进油；(b) 有杆腔进油；(c) 图形符号

（1）当无杆腔进油，有杆腔回油时 ［见图 3-5 (a)］，活塞运动速度和推力分别为

$$v_1 = \frac{q}{A_1} = \frac{4q}{\pi D^2} \tag{3-15}$$

$$F_1 = p_1 A_1 - p_2 A_2 = \frac{\pi}{4} \left[D^2 p_1 - (D^2 - d^2) p_2 \right] \tag{3-16}$$

（2）当有杆腔进油，无杆腔回油时 ［见图 3-5 (b)］，活塞运动速度和推力分别为

$$v_2 = \frac{q}{A_2} = \frac{4q}{\pi (D^2 - d^2)} \tag{3-17}$$

$$F_2 = p_1 A_2 - p_2 A_1 = \frac{\pi}{4} \left[(D^2 - d^2) p_1 - D^2 p_2 \right] \tag{3-18}$$

活塞运动速度 v_1 与 v_2 之比称为速比 ϕ，即

$$\phi = \frac{v_2}{v_1} = \frac{A_1}{A_2} = \frac{D^2}{D^2 - d^2} = \frac{1}{\left(1 - \dfrac{d}{D}\right)^2} \tag{3-19}$$

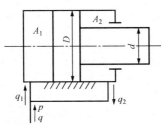

图 3-6　单活塞杆液压缸的差动连接

由于 $A_1 > A_2$，所以 $F_1 > F_2$，$v_1 < v_2$。即无杆腔进压力油工作时，推力大，速度低；有杆腔进压力油工作时，推力小，速度高。因此，单杆活塞缸常用于一个方向有较大负载但运动速度低，另一个方向为空载快速退回运动的设备。例如，各种金属切削机床、压力机、注塑机、起重机的液压系统。

（3）单活塞杆液压缸的差动连接。如图 3-6 所示，单活塞杆液压缸两腔同时通入压力油时，由于无杆腔工作面积比有杆腔工作面积大，活塞向右的推力大于向左的推力，故其向右移动。液压缸的这种连接称为差动连接，此缸则称为差动液压缸。

设差动连接时活塞向右的速度为 v_3，则

$$q_1 = q + q_2$$

即

$$A_1 v_3 = q + A_2 v_3$$

$$v_3 = \frac{q}{A_1 - A_2} = \frac{q}{A_3} = \frac{4q}{\pi d^2} \qquad (3-20)$$

液压缸的推力

$$F_3 = p(A_1 - A_2) = pA_3 \qquad (3-21)$$

式中 A_3——活塞杆的截面积，$A_3 = A_1 - A_2 = \frac{\pi}{4} d^2$。

与式（3-15）及式（3-16）相比，由于 $A_3 < A_1$，所以 $v_3 > v_1$，得到快速运动；但 $F_3 < F_1$，从而推力减小。这说明单杆活塞缸差动连接时，能使运动部件获得较高的速度和较小的推力。因此，单杆活塞缸还常用在需要实现快进（差动连接）→工进（无杆腔进压力油）→快退（有杆腔进压力油）工作循环的组合机床等设备的液压系统中。

通常要求快进和快退的速度相等，即 $v_3 = v_2$，这时可以通过选择 D 与 d 的尺寸来实现。D 与 d 关系可由式（3-20）、式（3-17）求得

$$v_3 = v_2$$

$$\frac{4q}{\pi d^2} = \frac{4q}{\pi (D^2 - d^2)}$$

整理得

$$D^2 = 2d^2 \text{ 或 } d = 0.7D \qquad (3-22)$$

二、柱塞缸

活塞缸缸体内孔加工精度要求很高，当缸体较长时加工困难，因而常采用柱塞缸。图3-7所示柱塞缸由缸体1、柱塞2、导向套3等零件组成。柱塞与缸体内壁不接触，运动时由缸盖上的导向套来导向，因而缸体内孔不需要精加工，工艺性好，成本低，特别适用于行程较长的场合。

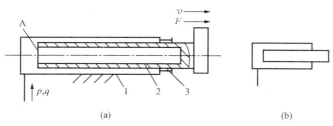

图3-7 柱塞缸结构原理图
（a）柱塞缸；（b）图形符号
1—缸体；2—柱塞；3—导向套

柱塞端面受压，为了能输出较大的推力，柱塞一般较粗、较重，水平安装时易产生单边磨损，故柱塞缸适于垂直安装使用。当水平安装时，为防止柱塞因自重而下垂，常制成空心柱塞并设置支撑套和托架。

图3-7中所示的柱塞缸只能实现单向运动，其回程需借自重（立式缸）或其他外力

（弹簧力）来实现。在龙门刨床、导轨磨床、大型拉床等大行程设备的液压系统中，为了使工作台得到双向运动，柱塞缸常成对使用，如图 3-8 所示。

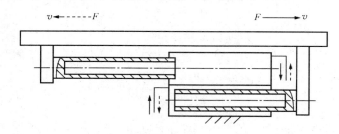

图 3-8　双向运动柱塞缸的工作原理图

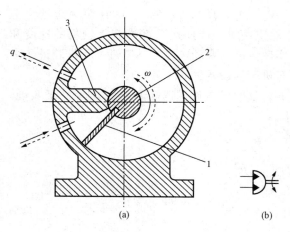

图 3-9　摆动缸
(a) 单叶片式摆动缸工作原理图；(b) 图形符号
1—叶片；2—输出轴；3—封油隔板

三、摆动缸

摆动缸结构紧凑，用来将油液的压力能转变为叶片及输出轴往复摆动的机械能，有单叶片和双叶片两种形式。

图 3-9 所示为单叶片摆动缸的工作原理图。它由叶片 1、输出轴 2、封油隔板 3 等零件组成。当两油口交替通入压力油（交替接通油箱）时，叶片即带动输出轴做往复摆动。单叶片摆动缸摆动角度一般不超过 310°，一般用于摆动角度小于 310°的回转工作部件的驱动，如机床回转夹具、送料装置、继续进刀机构等。

双叶片摆动缸的工作原理与单叶片式相同，其摆动角度不超过 150°，但可得到更大的输出转矩。

四、组合式液压缸

1. 增压缸

增压缸能将输入的低压油转变为高压油，供液压系统中的某一支路使用。它由大、小直径分别为 D_1 和 D_2 的复合缸筒及有特殊结构的复合活塞等件组成，其工作原理如图 3-10 所示。增压缸的两个直径不同（D_1 和 D_2）的液压缸相串联，大缸为原动缸，小缸为输出缸。设输入原动缸的压力为 p_1，输出缸的出油压力为 p_2，根据力平衡关系，有

$$\frac{\pi}{4}D_2^2 p_2 = \frac{\pi}{4}D_1^2 p_1$$

整理得

$$p_2 = \frac{D_1^2}{D_2^2}p_1 \qquad (3-23)$$

式中　$\dfrac{D_1^2}{D_2^2}$——增压比。

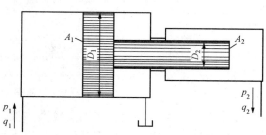

图 3-10　增压缸

2. 伸缩缸

伸缩缸由两级或多级活塞缸套装而成，前一级缸的活塞与后一级缸筒连为一体，它包括双作用伸缩缸和单作用伸缩缸两种类型。图3-11（a）所示为双作用伸缩缸的结构示意。伸缩缸的外伸动作是逐级进行的。首先是最大直径的缸筒以最低的油液压力开始外伸，当到达行程终点后，稍小直径的缸筒开始外伸，直径最小的末级最后伸出。随着工作级数变大，工作速度变快。而活塞缩回顺序一般是先小活塞后大活塞，而缩回的速度由快到慢，收缩后液压缸总长度较短，占用空间较小，结构紧凑。伸缩缸常用于工程机械和其他行走机械，如起重机伸缩臂液压缸、自卸汽车举升液压缸等，都是伸缩缸。

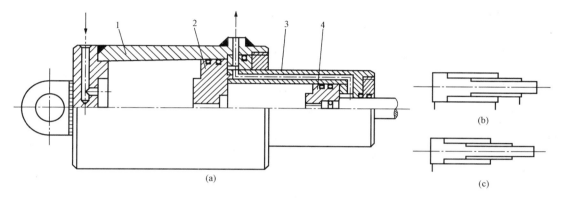

图 3-11 伸缩缸
（a）双作用伸缩缸结构示意；（b）双作用伸缩缸图形符号；（c）单作用伸缩缸图形符号
1——一级缸筒；2—一级活塞；3—二级缸筒；4—二级活塞

第三节 液压缸的结构

液压缸由缸体组件（缸体、端盖等）、活塞组件（活塞、活塞杆等）、密封件、连接件等基本部分组成。此外，一般液压缸还设有缓冲装置和排气装置。本节主要介绍液压缸的典型结构及其密封、缓冲、排气等内容。

一、液压缸典型结构举例

图3-12所示为外圆磨床空心双杆活塞缸结构图。它由压盖1、活塞杆2、托架3、端盖4、密封圈5、导向套7、锥销8、密封圈9、活塞10、缸筒11、压环12、半环13、密封纸

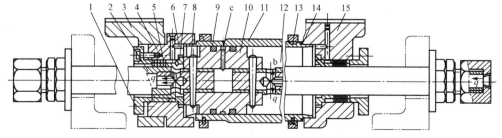

图 3-12 空心双杆活塞缸结构图
1—压盖；2—活塞杆；3—托架；4—端盖；5—密封圈；6—排气孔；7—导向套；8—锥销；
9—密封圈；10—活塞；11—缸筒；12—压环；13—半环；14—密封纸垫；15—端盖

垫 14、端盖 15 等零件组成。

该液压缸用托架 3 和端盖 15 与机床工作台连接在一起。两活塞杆 2 用螺母与床身支座固定在一起。活塞杆与活塞 10 用锥销 8 连接。活塞与缸筒 11 之间用 O 形密封圈 9 密封。活塞杆与端盖 4、15 之间用 V 形密封圈 5 密封，这种密封圈的工作性能可随工作压力的升高而提高。导向套 7 的内孔与活塞杆外径配合，起导向作用。

这种液压缸一般缸筒较长，多采用无缝钢管制成。

当压力油通过左空心活塞杆经 a 孔进入液压缸的左腔，缸右腔通过 b 孔及右活塞杆中心孔回油时，液压力推动缸体带动工作台向右移动；反之，当液压缸右腔进压力油，左腔回油时，液压力推动缸体带动工作台向右移动。两端盖的上部有小孔与排气阀相通，用以排除液压缸中的空气。

二、液压缸端部与端盖的连接

液压缸端部与端盖的连接方式很多。铸铁、铸钢、锻钢制造的缸体多采用法兰式［见图 3-13（a）］。这种结构易于加工和装配，其缺点是外形尺寸较大。用无缝钢管制作的缸筒，常采用半环式连接［见图 3-13（b）］和螺纹式连接［见图 3-13（d）］。这两种连接方式结构紧凑，重量轻。但半环式连接，须在缸筒上加工环形槽，削弱缸筒的强度；螺纹连接，须在缸筒上加工螺纹，端部的结构比较复杂，装拆时需要专门的工具，拧紧端盖时有可能将密封圈拧扭。较短的液压缸常采用拉杆连接［见图 3-13（c）］。这种连接便于加工、装配，但是外廓尺寸和重量较大。此外，还有焊接式连接，其结构简单，尺寸小，但焊后缸体有变形，且不易加工，故使用较少。

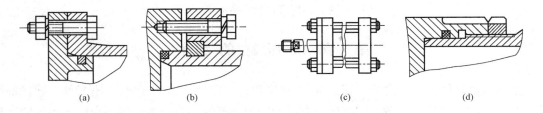

图 3-13　液压缸端部与端盖的连接方式
（a）法兰式；（b）半环式；（c）拉杆式；（d）螺纹式

三、活塞与活塞杆的连接

活塞与活塞杆的连接方式也有很多，图 3-12 所示为锥销连接，其结构简单，装拆方便，多用于中低压轻载液压缸。图 3-14（a）所示为螺纹式连接，该连接装卸方便，连接可靠，适用尺寸范围广，缺点是加工和装配时都要用可靠的方法将螺母锁紧。在高压大负载的场合，特别是在振动比较大的情况下，常采用图 3-14（b）所示的半环式连接。这种连接拆装简单，连接可靠，但结构比较复杂。

四、液压缸的密封装置

如图 3-15 所示液压缸既有内泄漏，又有外泄漏。为了减少泄漏，液压缸采用了密封装置防止油液的泄漏（液压缸一般不允许外泄漏，其内泄漏也应尽可能小），其设计的好坏对液压缸的工作性能和效率有直接的影响。因此，要求密封装置要有良好的密封性能，摩擦阻力小，制造简单，拆装方便，成本低，寿命长。液压缸的密封主要指活塞与缸筒、活塞杆与端盖之间的动密封和缸筒与端盖间的静密封。

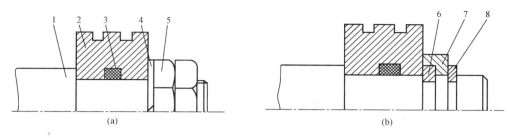

图 3-14 活塞与活塞杆的连接

(a) 螺纹式；(b) 半环式

1—活塞杆；2—活塞；3—密封圈；4—弹簧圈；5—螺母；6—半环；7—套环；8—弹簧卡圈

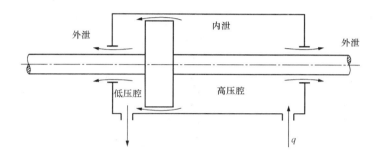

图 3-15 液压缸的泄漏

常见的密封方法有间隙密封和密封圈密封。

1. 间隙密封

如图 3-16 所示，间隙密封是通过精加工，使相对运动零件的配合之间有极微小的间隙（0.02～0.05mm），进而实现密封。为增加泄漏油的阻力，常在圆柱面上加工几条环形小槽。油在这些槽中形成涡流，能减缓漏油速度，还能使两配合件同轴，降低摩擦阻力和避免因偏心而增加漏油量。因此，这些槽也称为压力平衡槽。

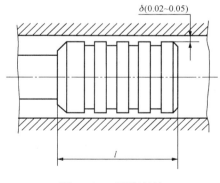

图 3-16 间隙密封

间隙密封结构简单，摩擦阻力小，能耐高温，是一种最简便而紧凑的密封方式，在液压泵、液压马达和各种液压阀中得到了广泛的应用。其缺点是密封效果差，加工精度要求较高，仅用于尺寸较小、压力较低、运动速度较高的活塞与缸体内孔间的密封。

2. 密封圈密封

密封圈密封是液压系统中应用最广的一种密封方法，它通过密封圈本身的受压变形来实现密封。橡胶密封圈的断面通常做成 O 形、Y 形和 V 形，下面分别加以介绍。

(1) O 形密封圈。O 形密封圈［见图 3-17 (a)］结构简单，密封性能好，摩擦阻力较小，制造容易，成本低，体积小，安装沟槽尺寸小，使用非常方便。其使用工作压力为 70MPa，工作温度为 −40～120℃，应用比较广泛，既可用于动密封，又可用于静密

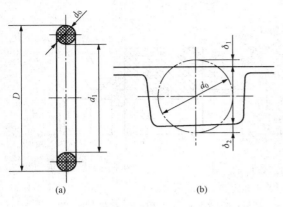

图 3-17　O 形密封圈
(a) 结构；(b) 安装

封，并能用于外径密封、内径密封及端面密封。

O 形密封圈安装时要有适当的预压缩量 δ_1 和 δ_2［见图 3-17 (b)］，这样既可保证良好的密封性，又不会因摩擦力过大而加快磨损。O 形密封圈在沟槽中受到油压作用变形时能紧贴横槽和缸的内壁，从而起到密封的作用，因此，它的密封性能可随压力的增加而有所提高。

当压力较高或沟槽尺寸选择不妥时，密封圈易被挤出［见图 3-18 (a)］，因此，当工作压力大于 10MPa 时，常在 O 形圈的低压一侧设置挡圈。若其双向受高压，则需在其两侧加挡圈，以防止密封圈被挤入间隙中而损坏［见图 3-18 (b)、(c)］。

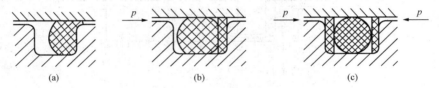

图 3-18　O 形密封圈保护挡圈的使用

(2) Y 形密封圈。Y 形密封圈（见图 3-19）工作时，在压力油的作用下唇边张开，贴紧在密封表面，其密封能力可随压力的升高而提高，并且在磨损后有一定的自动补偿能力。装配时要注意安装方向，应使开口端面向压力高的一侧。

Y 形密封圈密封可靠，寿命较长，摩擦力

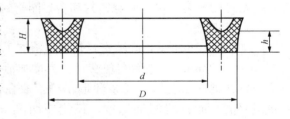

图 3-19　Y 形密封圈

小，常用于轴、孔做相对移动，且速度较高的场合，如活塞与液压缸之间、活塞杆与液压缸端盖之间的密封，使用工作温度为 $-30\sim80℃$，工作压力为 20MPa。

Y_x 形密封圈是 Y 形密封圈的改进型，与 Y 形相比，其宽度较大，不易产生翻转现象。Y_x 形密封圈分孔用和轴用两种，如图 3-20 所示。这种密封圈结构紧凑，在密封性、耐磨性、耐油性等方面都比 Y 形密封圈好，工作压力可达 32MPa，最高使用温度可达 100℃，因而其使用日趋广泛。

(3) V 形密封圈。V 形密封圈（见图 3-21）利用压环压紧密封环时，支承环使密封环变形而实现密封，故需三环叠合联用。当要求密封压力高于 10MPa 时，可增加密封环的数量。安装时也应注意方向，即密封环开口应面向压力油腔。

V 形密封圈耐高压，密封可靠，但摩擦阻力较大，主要用于移动速度不高的液压缸中。

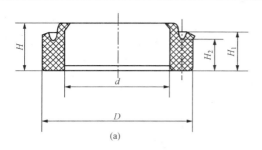 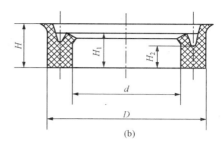

(a)　　　　　　　　　　　　　(b)

图 3-20　Y$_X$ 形密封圈

(a) 孔用；(b) 轴用

　　密封圈为标准件，选用时其技术规格及使用条件可参阅有关手册。

五、液压缸的缓冲装置

　　当液压缸驱动的工作部件质量较大、运动速度较高或换向平稳性要求较高时，应在液压缸中设置缓冲装置，以免在行程终端换向时产生很大的冲击压力、噪声，甚至机械碰撞。常见的缓冲装置如图 3-22 所示。

　　1. 环状间隙式缓冲装置

　　图 3-22（a）所示为圆柱形环隙式缓冲装置，活塞端部有圆柱形缓冲柱塞，当柱塞运行至液压缸端盖上的圆柱光孔内时，密封在缸筒内的油液只能从环形间隙 δ 处挤出。这时活塞受到一个很大的阻力而减速制动，从而减缓了冲击。

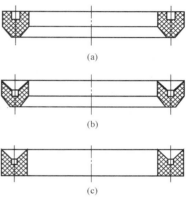

图 3-21　V 形密封圈

(a) 支承环；(b) 密封环；(c) 压环

图 3-22（b）所示为圆锥形环隙式缓冲装置。其缓冲柱塞加工成圆锥体（锥角约为 10°），环形间隙 δ 将随柱塞伸入端盖孔中距离的增长而减小，从而获得更好的缓冲效果。

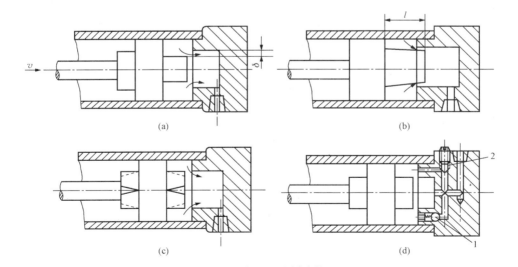

(a)　　　　　　　　　　　　　(b)

(c)　　　　　　　　　　　　　(d)

图 3-22　液压缸的缓冲装置

(a) 圆柱形环隙式；(b) 圆锥形环隙式；(c) 可变节流式；(d) 可调节流式

1—单向阀；2—可调节流阀

2. 可变节流式缓冲装置

图 3-22 （c）所示为可变节流式缓冲装置。在其圆柱形的缓冲柱塞上开有几个均布的三角形节流沟槽。随着柱塞伸入孔中距离的增长，节流面积减小，使缓冲作用均布，冲击压力小，制动位置精度高。

3. 可调节流式缓冲装置

图 3-22 （d）所示为可调节流式缓冲装置。在液压缸的端盖上设有单向阀 1 和可调节流阀 2。当缓冲柱塞伸入端盖上的内孔后，活塞与端盖间的油液须经节流阀 2 流出。由于节流口的大小可根据液压缸负载及速度的不同进行调整，因此能获得最理想的缓冲效果。当活塞反向运动时，压力油可经单向阀 1 进入活塞端部，使其迅速启动。

六、液压缸的排气装置

液压系统中混入空气后会使其工作不稳定，产生振动、噪声、低速爬行及启动时突然前冲击等现象，因此，在设计液压缸时必须考虑空气的排除。

对于要求不高的液压缸可以不设专门的排气装置，而将油口布置在缸筒两端的最高处，由流出的油液将缸中的空气带往油箱，再从油箱中逸出。对速度稳定性要求高的液压缸和大型液压缸，则需在其最高部位设置排气孔并用管道与排气阀相连排气，或在其最高部位设置排气塞排气，如图 3-23 所示。

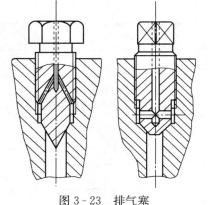

图 3-23　排气塞

排气装置一般的调整方法如下：先将缸内工作压力降低到 0.5～1MPa，使原来溶解在油液中的空气分离出来，然后，在使活塞往复运动的同时，打开排气阀或松开排气塞的螺钉。当活塞到达行程末端，压力升高的瞬间打开排气塞，而在开始返回之前立即关闭。排气塞排气时，可听到的嘘嘘气声，随后喷出白浊色的泡沫状油液，空气排尽时喷出的油呈澄清色，能用肉眼判断排气是否彻底。一般空行程往复 8～10 次即可将液压缸的空气排除干净，随后关闭排气阀或拧紧排气塞螺钉，液压缸便可进入正常工作。

第四节　液压缸常见故障、原因及排除方法

液压缸的常见故障、原因及排除方法见表 3-2。

表 3-2　　　　　　　　　　　液压缸的常见故障、原因及排除方法

故障现象	产生原因	排除方法
爬行	1. 混入空气； 2. 液压缸端盖处密封件装配过紧； 3. 活塞杆与活塞不同轴； 4. 导向套与缸筒不同轴； 5. 活塞杆弯曲；	1. 排除空气； 2. 调整密封圈，使之松紧适当； 3. 校正、修改或更换； 4. 修正调整； 5. 校直活塞杆；

续表

故 障 现 象	产 生 原 因	排 除 方 法
爬行	6. 液压缸安装与导轨不平行； 7. 液压缸运动件之间间隙过大； 8. 液压缸内径直线性差（鼓形、锥形等）； 9. 缸内腐蚀、拉毛； 10. 活塞杆两端螺母拧得过紧，使其同轴度降低； 11. 活塞杆刚性太差	6. 调整或重新安装； 7. 减小配合间隙； 8. 应修复，重配活塞； 9. 去锈蚀和毛刺，严重时应镗磨； 10. 松螺母，使活塞杆处于自然状态； 11. 加大活塞直径
冲击	1. 缓冲间隙过大； 2. 缓冲装置中的单向阀失灵	1. 减小缓冲间隙； 2. 修理单向阀
推力不足或工作速度下降	1. 缸体和活塞的配合间隙过大，密封不良； 2. 缸体和活塞的配合间隙过小，密封过紧，运动阻力大； 3. 运动件制造存在误差和装配不良，引起不同心或单面剧烈摩擦； 4. 活塞杆弯曲，引起剧烈摩擦； 5. 缸筒拉伤，造成内泄漏； 6. 油温过高或液压油中杂质过多	1. 修理或更换不合精度的零件，重新装配； 2. 增加配合间隙，调整密封件的压紧程度； 3. 修理误差较大的零件重新装配； 4. 校直活塞杆； 5. 应更换缸筒； 6. 清洗液压系统换油
外泄漏	1. 密封件咬边、拉伤或破坏； 2. 密封件方向装反； 3. 缸盖螺钉未拧紧； 4. 运动零件之间有纵向拉伤和沟痕	1. 更换密封件； 2. 更正密封件方向； 3. 拧紧螺母； 4. 修理或更换零件

本 章 小 结

液压马达和液压缸是液压传动中的执行元件。本章着重介绍了液压马达、双杆活塞式液压缸、单杆活塞式液压缸、柱塞缸等缸的工作原理和结构特点，对活塞式液压缸的推力、速度进行了分析计算，并介绍了液压缸的安装、调整、维护方法与常见故障的分析排除。

复 习 思 考 题

3-1　活塞式、柱塞式和摆动式液压缸各有什么特点？

3-2　液压马达和液压泵有哪些相同点和不同点？

3-3　何谓差动连接？其应用在什么场合？

3-4　液压缸常见的密封方法有哪些？

3-5　液压缸如何实现排气和缓冲？

习　　题

3-1　某液压马达排量 $V=250\text{mL/r}$，入口油压力为 8MPa，出口油压力为 1MPa，其总效率为 $\eta_M=0.9$，容积效率 $\eta_{MV}=0.92$。当输入流量为 22L/min 时，试求液压马达的输出转矩和转速。

3-2　已知单活塞杆液压缸的内径 $D=100\text{mm}$，活塞杆直径 $d=50\text{mm}$，泵供油流量为 10L/min，工作压力 $p_1=2\text{MPa}$，回油压力 $p_2=0.5\text{MPa}$。试求活塞往返运动时的推力和速度。

3-3　如图 3-24 所示的三种结构形式的液压缸，直径分别为 D、d，如进入缸的流量为 q，压力为 p，分析各缸产生的推力、速度大小及运动方向。

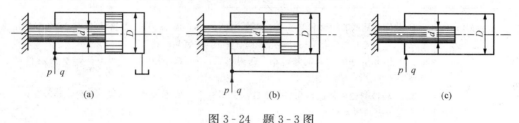

图 3-24　题 3-3 图

3-4　一双杆活塞式液压缸，其液压缸内径为 0.1m，活塞杆直径为 0.5m，进入液压缸的流量为 25L/min，求活塞运动的速度。

3-5　某柱塞式液压缸，柱塞直径 $d=110\text{mm}$，缸体内径为 125mm，输入的流量 $q=25\text{L/min}$，求柱塞运动速度。

3-6　如图 3-25 所示的串联液压缸，左液压缸和右液压缸的有效工作面积分别为 $A_1=100\text{cm}^2$，$A_2=50\text{cm}^2$，两液压缸的外负载分别为 $F_1=20\text{kN}$，$F_2=10\text{kN}$，输入流量 $q_1=15\text{L/min}$。求：（1）液压缸的工作压力；（2）液压缸的运动速度。

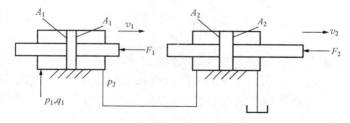

图 3-25　题 3-6 图

第四章　液压辅助元件

液压系统中的辅助元件有滤油器、蓄能器、油箱、管接头、油管等。从液压系统的整体来看，辅助元件是必不可少的重要元件，如果选择或使用不当，对系统的工作性能、寿命等都有直接的影响，因此必须予以充分重视。

第一节　油　　箱

一、油箱的作用及分类

油箱的作用是储存液压系统工作循环所需的油液，散发系统工作过程中产生的一部分热量并分离油液中的气泡。

过去认为，油箱还起到分离和沉淀油液中污物的作用，但近期的液压系统污染控制理论，要求油箱不再是一个容纳污垢的场合，且油液本身要达到一定的清洁度等级。

油箱的分类如图4-1所示。

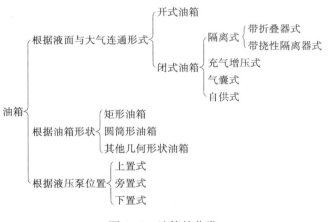

图4-1　油箱的分类

二、常用油箱的结构

开式油箱应用最广。图4-2所示为常用开式油箱结构示意，油箱内的液面通过空气滤清器2与大气相通。吸油管和回油管的距离尽量大一些，两管之间要用隔板4隔开，以增加油箱内油液的循环距离，有利于油的冷却和排出油中的气体，并使杂物沉淀在回油管一侧。隔板高度为$3/4H$（H为油面高度）。吸油管和回油管管口都宜切成45°斜口，可防止箱底及箱壁脏物的吸入及增大出油口截面积，减缓出油速度。回油管口面对箱壁，以利于油液散热。管端与箱底、箱壁间的距离均不宜小于管径的3倍。为避免泵入口处阻力太大，滤网通油能力应大于泵流量的2倍以上。箱底应向排油口倾斜，以方便清洗和排污。

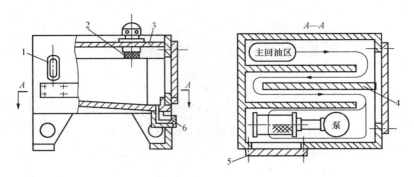

图 4 - 2　开式油箱结构示意

1—油面指示器；2—空气滤清器；3—上盖；4—隔板；5—侧盖；6—放油塞

三、油箱与液压泵的几种安装位置

（1）上置式。上置式是将液压泵等装置安装在油箱盖板上，其结构紧凑，应用极为普遍。由于振动源大都存在于油箱盖板上，所以油箱体尤其是油箱盖必须具有一定的刚性。

（2）旁置式。旁置式是将液压泵等装置安装在油箱旁边，由于振动源不放在油箱盖板上，其钢板厚度可相应减小。当液压泵的自吸能力较差时，可采用旁置油箱，使油箱内的液面高于液压泵的吸油口，从而收到较好的吸油效果。

（3）下置式。下置式是将液压泵等装置安装在油箱底下，由于油箱内油液的自重作用产生正压而使泵的吸入能力大为改善。

第二节　滤　油　器

一、滤油器的作用

滤油器用来滤除混入液压油中的杂质，使系统的油液保持清洁，保证系统正常工作。液压系统在工作时，由于机械杂质和液压油本身化学变化所产生的胶质、沥青质、炭渣质等颗粒，会使阀芯卡死、节流小孔缝隙和阻尼孔堵塞，以及造成液压元件过快磨损等故障发生。过滤是在压力差的作用下，让流体通过多孔隙可透性介质（过滤介质），迫使流体中的固体颗粒被截留在过滤介质上，从而达到分离污染物的目的。

二、常用滤油器的结构及其应用特点

滤油器主要由壳体和滤芯组成，有的滤油器带旁通阀和阻塞指示或发讯装置。

按滤芯材料的过滤机制的不同，滤油器可分为表面型、深度型和吸附型滤油器。按滤芯材料和结构形式的不同，滤油器又可分为网式、线隙式、纸芯式、烧结式、磁性式等滤油器。下面介绍几种常用滤油器的结构及其应用特点。

1. 网式滤油器

图 4 - 3 所示为网式滤油器，由上盖 1、下盖 4 和铜丝网 3 组成。为了使滤网有一定的机械强度，铜网通常包在四周开有圆形窗口的圆筒式金属骨架 2 上。

网式滤油器结构简单，清洗方便，通油能力大，压力损失不超过 0.004MPa，但过滤精度较低，常用于泵的吸油管路，对油液进行粗过滤。

2. 线隙式滤油器

线隙式滤油器的结构如图 4-4 所示，是把黄铜线（或铝线）绕在筒式芯架 1 上形成滤芯 2。它利用金属线之间的固定间隙（由等距局部压扁的金属线形成）过滤油液。油从端盖右端上的孔进入，经线间的缝隙进入滤芯内部从端盖左端孔流出。

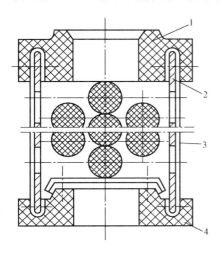

图 4-3　网式滤油器

1—上盖；2—圆筒；3—铜丝网；4—下盖

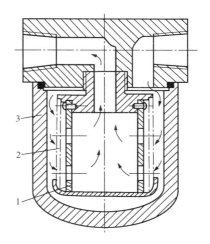

图 4-4　线隙式滤油器

1—芯架；2—滤芯；3—壳体

线隙式滤油器结构简单，过滤精度较高，通油能力大，但滤芯材料的强度较低，且难以清洗，压力损失约为 0.03～0.06MPa，一般用于泵的吸油口和低压系统。

3. 纸芯式滤油器

纸芯式滤油器的结构与线隙式相似，只是以纸芯代替金属丝滤芯，又分为高压纸芯式和低压纸芯式。

纸芯式滤油器的过滤精度高，耐腐蚀，但堵塞后无法清洗，必须更换，油液通过时的压力损失也较大，常用于需要精密过滤的系统，压力损失约为 0.01～0.04MPa。

4. 烧结式滤油器

烧结式滤油器结构如图 4-5 所示，由端盖 1、壳体 2 和滤芯 3 组成。滤芯由球状青铜颗粒，用粉末冶金烧结工艺高温烧结而成，利用颗粒间的微孔滤除油中的杂质。

烧结式滤油器的优点是过滤精度较高，强度大，性能稳定，抗冲击性能好，能耐高温，制造比较简单。其缺点是清洗困难，若有颗粒脱落，会影响过滤精度。压力损失约为 0.03～0.2MPa，适用于低压小流量的精过滤。

5. 磁性式滤油器

磁性式滤油器用来清除油液中微小的铁磁性粒子，其结构如图 4-6 所示，由圆筒式永久磁铁 3、非磁性罩 2 及罩外的多个铁环 1 组成。当油液通过时，由于永久磁铁的磁场作用，油液中能磁化的杂质被吸附在铁环上进而起到滤清作用。磁铁的磁场强度越强，磁性式滤油器的过滤能力越强。为便于清洁，铁环分为两半，清洗时可取下，清洗后再装上，能反复使用。

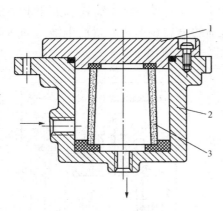

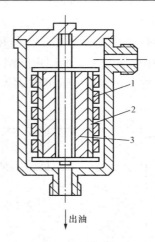

出油

图 4-5　烧结式滤油器　　　　　　　　　　图 4-6　磁性式滤油器
1—端盖；2—壳体；3—滤芯　　　　　　　1—铁环；2—非磁性罩；3—永久磁铁

磁性式滤油器结构简单，能清除其他滤油器难以清除的直径 $d \leqslant 2\mu m$ 的铁磁性粒子。它常与其他类型滤油器组合在一起使用，如纸质—磁性式滤油器、磁性烧结滤油器等。

油液中一般有三种污染源——颗粒、水、油氧化杂质。现绝大多数滤油器还是针对颗粒污染物，为了有效地控制液压系统污染，应当完善油液污染控制措施，对只是污染超过限度，而理化性能并没有劣化的油液，通过净化继续使用。目前，系统外滤油装置的应用已日益普遍，通过系统外滤油装置净化油液，可以节约宝贵的油料资源。这里简略介绍一种新型过滤装置——Puradin 精密过滤装置。该装置是由英国 Puradin 公司通过十几年的努力研制出来的，不直接接入主油路系统，利用旁油路让油液以缓慢的流速通过滤芯。它采用原棉为滤芯材料，设置了蒸发室加热片和添加剂释放块，以确保有效蒸发水、SO_2 及其他液体、气体污染物，添加剂可使油液的工作性质保持稳定。由于该装置不但能过滤油液中 $1\mu m$ 以上的颗粒污染物，而且可去除油液中的酸性液体、水分和气体污染物，使油液寿命大大提高。

三、滤油器的选用及安装位置

选用滤油器主要考虑以下三方面：滤油器的类型、滤油器的过滤精度和滤油器的尺寸。

滤油器的尺寸与通过流量有着对应的关系，通常是根据液压系统的流量确定滤油器所需的通过流量，从而确定滤油器的尺寸。

选择滤油器时，一般需要参考滤油器制造厂提供的产品样本。然而，产品样本一般只是给出基本的参数，对具体使用条件不可能一一说明。因此，还必须根据具体的系统及其工作条件，综合考虑元件对污染的敏感性、工作压力及负载特性、流量波动、环境条件、对污染侵入的控制程度等因素，使系统或关键元件在设备运行中能够经济地达到所需目标清洁度。

根据需要，滤油器可安装在吸油路、压力油路和回油路中，也可以安装在主系统之外，组成单独的外过滤系统。滤油器的安装位置可参考图 4-7。一般粗滤油器安装在液压泵的吸油路上、精滤油器安装在液压泵的压油路和回油路上。为了防止滤油器因负荷过大或堵塞引起液压泵过载，精滤油器应安装在溢流阀的分支油路之后或采用与压力阀并联方式。

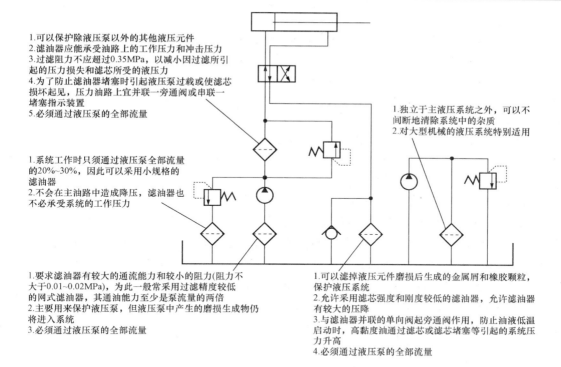

1.可以保护除液压泵以外的其他液压元件
2.滤油器应能承受油路上的工作压力和冲击压力
3.过滤阻力不应超过0.35MPa，以减小因过滤所引起的压力损失和滤芯所受的液压力
4.为了防止滤油器堵塞时引起液压泵过载或使滤芯损坏起见，压力油路上宜并联一旁通阀或串联一堵塞指示装置
5.必须通过液压泵的全部流量

1.系统工作时只须通过液压泵全部流量的20%~30%，因此可以采用小规格的滤油器
2.不会在主油路中造成降压，滤油器也不必承受系统的工作压力

1.独立于主液压系统之外，可以不间断地清除系统中的杂质
2.对大型机械的液压系统特别适用

1.要求滤油器有较大的通流能力和较小的阻力(阻力不大于0.01~0.02MPa)，为此一般常采用过滤精度较低的网式滤油器，其滤油能力至少是泵流量的两倍
2.主要用来保护液压泵，但液压泵中产生的磨损生成物仍将进入系统
3.必须通过液压泵的全部流量

1.可以滤掉液压元件磨损后生成的金属屑和橡胶颗粒，保护液压系统
2.允许采用滤芯强度和刚度较低的滤油器，允许滤油器有较大的压降
3.与滤油器并联的单向阀起旁通阀作用，防止油液低温启动时，高黏度油液通过滤芯或滤芯堵塞等引起的系统压力升高
4.必须通过液压泵的全部流量

图 4-7　滤油器的安装位置

第三节　蓄　能　器

一、蓄能器的作用

蓄能器是一种把液压能储存在耐压容器内，待需要时将其释放出来的一种储能装置，其主要作用有以下几种。

1. 储存能量

（1）短期大量供油。在间歇工作或短时高速运动的液压系统中，对油泵供油量的要求差别很大，利用蓄能器蓄能，待系统需要大量供油时，让蓄能器与泵一起供油，这样就可以选用较小流量的泵，节约电动机功率，减少系统的发热。

（2）作为应急能源。在液压泵发生故障或停电，而执行元件仍须完成必要的动作时，蓄能器可作为应急能源。

2. 稳定压力

当设备对某一动作要求保持恒定压力，且时间较长，可利用蓄能器补偿泄漏，稳定压力。

3. 吸收冲击和脉动压力

（1）吸收冲击压力。当换向阀快速切换或负荷突然变化时，会引起冲击压力，接入蓄能器后，就能吸收这种冲击压力，使系统工作平稳。

（2）吸收脉动压力。液压泵排出的工作油液，都有程度不同的流量脉动，使用蓄能器能降低脉动，减少系统的振动和噪声。

二、常用蓄能器的结构形式

工程上广泛应用的为活塞式和气囊式这两种蓄能器，而其中应用最多的是气囊式蓄能器。

1. 活塞式蓄能器

活塞式蓄能器的结构如图4-8所示，缸筒2内浮动的活塞1将气体与油液隔开，气体（一般为惰性气体）经充气阀3进入上腔，活塞1的凹面面向充气阀，以增加气室的容积，蓄能器的下腔油口a充压力油。

活塞式蓄能器结构简单，安装和维护方便，寿命长，但由于活塞惯性和密封性的摩擦力影响，其动态响应较慢，适用于压力低于20MPa的系统储能或吸收压力脉动。

2. 气囊式蓄能器

气囊式蓄能器的结构如图4-9所示，主要由无缝耐高压的壳体3、耐油橡胶制成的气囊2、进油阀4和充气阀1组成。气囊固定在壳体3的上部。工作时先向气囊内充以一定（预定压力）的惰性气体，然后用液压泵向蓄能器充油，压力油通过进油阀进入容器内，压缩气囊，当气腔和液腔的压力相等时，气囊处于平衡状态，这时蓄能器内压力为泵压力。当系统需要油时，在气体压力作用下，气囊膨胀，逐渐将油液挤出。进油阀的作用是让油液通过油口进入蓄能器，而防止气囊从油口挤出。气囊式蓄能器的工作原理如图4-10所示。

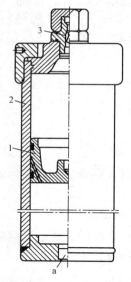

图4-8　活塞式蓄能器

1—活塞；2—缸筒；3—充气阀

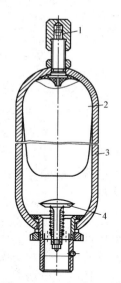

图4-9　气囊式蓄能器

1—充气阀；2—气囊；3—壳体；4—进油阀

气囊式蓄能器的优点是气腔与油腔之间密封可靠，两者之间不可能有泄漏，气囊惯性小，反应灵敏，结构紧凑，尺寸小，重量轻，易于维护。其缺点是更换气囊不方便，气囊及壳体制造困难。适用于系统储能或吸收压力脉动，压力可达32MPa。

三、蓄能器的正确使用

实际使用蓄能器时，必须注意以下几个方面：

（1）蓄能器一般应垂直安装，油口向下。气囊式蓄能器原则上亦应垂直安装，只有在空间位置受限制时才考虑倾斜或水平安装。这是因为倾斜或水平安装时气囊会受浮力而与壳体单边接触，妨碍其正常伸缩且加快其损坏。

（2）装在管路上的蓄能器承受着油压的作用，因此必须要有牢固的固定装置。

（3）泵与蓄能器之间应设置单向阀，以防止液压泵停车时蓄能器内的压力油向泵倒流。蓄能器与系统之间应设置截止阀，供充气、检修时使用，还可以用于调整蓄能器的排出量。

（4）作为吸收脉动压力和冲击压力使用的蓄能器，应尽可能装在振源附近，同时也要注意检修的方便性。

（5）蓄能器是压力容器，使用时必须注意安全。搬运和装拆时应先将充入内部的压缩气体排去。

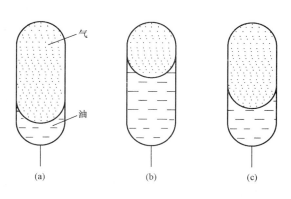

图 4-10 气囊式蓄能器储存和释放能量的工作原理
(a) 充气时；(b) 蓄能时；(c) 放能时

第四节 油管及管接头

在液压系统中，各液压元件之间的连接是通过各种形式的油管和管接头来实现的。油管和管接头必须有足够的强度，可靠的密封性，还要便于装拆，油液通过时的压力损失要小。

一、油管的种类及其应用

液压系统中的油管，主要分金属硬管和耐压软管。因为硬管比软管安全可靠，而且经济，一般使用硬管。软管则通常用于两个具有相对运动的部件之间的连接，或经常需要装卸部件之间的连接。软管本身还具有吸振和降低噪声的作用。

对管路的基本要求是要有足够的强度，能承受系统的最高冲击压力和工作压力；管路与各元件及装置的各连接处要保证密封可靠、不泄漏、不松动。在系统中的不同部位，应选用适当的管径。管路在安装前必须清洗干净，管内不允许有锈蚀、杂质、粉尘、水及其他液体或胶质等污物。管路安装时应避免过多的弯曲，应使用管夹将管路固定，以免产生不必要的振动。管路还应布局合理，排列整齐，方便维修和更换元器件。

常用油管材料及应用见表 4-1。

表 4-1　　　　　　　　　　　　　　油管材料及应用

种　类	用　途	优　缺　点
钢　管	在压力较高的管道中优先采用，常用 10 号、15 号冷拔无缝钢管	能承受高压，油液不易氧化，价格低廉，但装配、弯曲较困难
紫铜管	在中低压液压系统中采用，机床中应用较多，常配以扩口管接头	装配时弯曲方便，抗振能力较弱，易使液压油氧化
不锈钢管	高温抗氧化、耐蚀的航空、航天领域	800℃以下的频繁交变工况下仍工作稳定，但价格昂贵
钛合金管	各类飞行器中，可替代不锈钢管	强度高，比重小，优良的抗腐蚀性及低温韧性，但价格昂贵

续表

种　类	用　途	优　缺　点
尼　龙　管	中低压系统中使用，耐压可达 2.5MPa，目前还在试用阶段	能代替部分紫铜管，价格低廉，弯曲方便，但寿命较短
橡胶软管	高压软管是由耐油橡胶夹以 1～6 层钢丝编织网或钢丝缠绕层做成，适用于中高压	装配方便，能减轻液压系统的冲击，但价格昂贵，寿命短

二、管接头的种类及其应用

管接头的种类繁多，其种类及其应用可参见表 4-2。

表 4-2　　　　　　　　　　　液压系统中常用的管接头

名　称	结构简图	特点和说明
焊接式管接头	球形头	1. 连接牢固，利用球面进行密封，简单可靠； 2. 焊接工艺必须保证质量，必须采用厚壁钢管，装拆不便
卡套式管接头	油管　卡套	1. 用卡套卡住油管进行密封，轴向尺寸要求不严，装拆简便； 2. 对油管径向尺寸精度要求较高，为此要采用冷拔无缝钢管
扩口式管接头	油管　管套	1. 用油管管端的扩口在管套的压紧下进行密封，结构简单； 2. 适用于铜管薄壁钢管、尼龙管和塑料管等低压管道的连接
扣压式管接头		1. 用来连接高压软管； 2. 在中、低压系统中应用
固定铰接管接头	螺钉 组合垫圈 接头体 组合垫圈	1. 是直角接头，优点是可以随意调整布管方向，安装方便，占空间小； 2. 接头与管子的连接方法，除本图卡套式外，还可用焊接式； 3. 中间有通油孔的固定螺钉把两个组合垫圈压紧在接头体上进行密封

本　章　小　结

　　液压辅助元件，从液压系统的能量转换角度来看，只起到了辅助作用，但从一个液压系统的整体来看，却是必不可少的重要元件。这些辅助元件如果选择或使用不当，会对系统的工作性能及元件的寿命有直接的影响。在学习中，我们应该重点学习各辅助元件的功用及应用，懂得其工作原理和结构，了解使用中应注意的一些问题。

复 习 思 考 题

4-1 试述油箱的结构和功用。

4-2 滤油器有哪些类型？各用在什么场合？如何选用？

4-3 蓄能器有哪些功用？常用的蓄能器有哪些特点？

4-4 蓄能器在安装使用中应注意哪些问题？

4-5 常用的油管有哪些特点？适用于什么场合？

4-6 常用管接头有哪些特点？

第五章 液压控制元件及应用

第一节 液压控制阀概述

液压控制阀是液压系统中的控制元件，用来控制系统中油液的流动方向、油液的压力和流量，简称液压阀。根据液压设备要完成的任务，我们对液压阀做相应的调节，就可以使液压系统执行元件的运动状态发生变化，从而使液压设备完成各种预定的动作。

液压阀按连接方式，可分为以下几种类型：

（1）管式连接。管式连接是将阀的油口制成管螺纹，经管接头直接安装在管路中。其结构简单，但装拆不便，常用于比较简单的小流量液压系统中。

（2）法兰式连接。法兰式连接是在阀的油口上制出法兰，与管件上的法兰接头相连接，可用于大流量的液压系统中。

（3）板式连接。板式连接是油口不加工螺纹，需要通过专门的连接板才能与管路连接。由于装拆方便，连接可靠，能实现无管集成化连接，故广泛应用在机床等行业中。

随着液压技术的飞跃发展，液压控制阀的品种和规格也迅速增多，不断向高压化、小型化和集成化的方向迈进，出现了叠加式、插装式等新型连接方式的阀，并已得到广泛的应用。

另外，根据用途，液压阀可分为方向控制阀、压力控制阀和流量控制阀三大类。

第二节 方向控制阀及应用

在液压系统中，用来控制油液流动方向的阀统称方向控制阀，简称方向阀。按照用途分类，方向阀可分为换向阀和单向阀两大类。

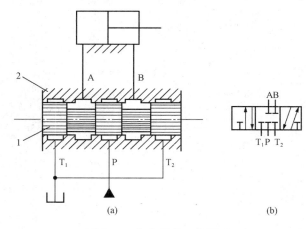

图 5-1 换向阀的工作原理

(a) 结构原理图；(b) 图形符号

1—阀芯；2—阀体

一、换向阀

换向阀利用阀芯和阀体间相对位置的改变，来控制油液的流动方向，接通或关闭油路，从而使液压执行元件启动、停止或变换运动方向。

根据阀芯的运动方式，换向阀有滑阀式和转阀式两种。在液压传动系统中广泛采用的是滑阀式换向阀，下面简要介绍滑阀式换向阀的工作原理和几种典型结构。

1. 工作原理

下面以图 5-1 所示换向阀为例，说明换向阀的工作原理。

换向阀主要由阀芯 1 和阀体 2 组成，

阀体内孔中加工有若干环形通道，通过相应的通油口（压力油口 P、回油口 T_1 和 T_2、通往执行元件的油口 A 和 B）与外部相通，阀芯上的凸肩与环形通道相配合。

当阀芯处在图示的中间位置时，五个油口全部关闭，液压缸的活塞处于停止状态；当阀芯右移时，油口 P 和 A 相通，B 和 T_2 相通，即泵出来的压力油由 P 口经 A 口进入液压缸的左腔，缸右腔的油液经 B 口和 T_2 口回油箱，活塞向右运动；反之，当阀芯左移时，油口 P 和 B 相通，A 和 T_1 相通，活塞向左运动。可见，当阀芯在阀体内做往复滑动时，便可改变各油口之间的连通关系，从而改变油液的流动方向。

2. 图形符号及含义

（1）"位"数和"通"数。

"位"数：指换向阀的工作位置数，即阀芯的可变位置数。用方（或长方）框表示，有几个方框就表示有几"位"。

"通"数：指换向阀与系统油路相连通的油口数目。方框中的箭头表示两油口连通，但不一定为油液的实际流向；"⊥"、"⊤"表示该油口被阀芯封闭，此路不通。箭头或"⊥"、"⊤"与方框的交点数有几个即为几"通"。

图 5-1 所示为三位五通换向阀及其"位"和"通"的图形符号。

实际中常用的换向阀有二位二通、二位三通、二位四通、二位五通、三位四通和三位五通等类型。图 5-2 所示为常用换向阀"位"和"通"的图形符号。

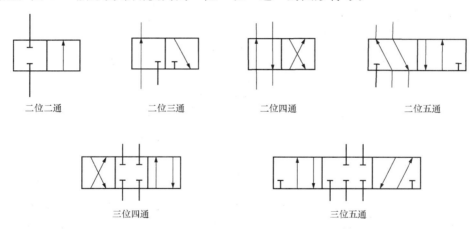

二位二通　　　　二位三通　　　　二位四通　　　　二位五通

三位四通　　　　　　　三位五通

图 5-2　常用换向阀"位"和"通"的图形符号

（2）操纵方式。一个换向阀的完整图形符号除应表明"位"数、"通"数外，还应具有操纵方式、复位或定位方式的符号。

控制滑阀移动的方法有很多，常见的换向阀操纵方式符号见图 5-3。操纵方式和复位弹簧的符号应画在方框的两端。

3. 常态位

指阀芯在原始状态下的通路状况，通常是执行元件的非工作位置，即三位阀的中位或二位阀方框侧面画有弹簧的一侧。在液压系统图中，油路与换向阀的连接一般都画在常态位上。

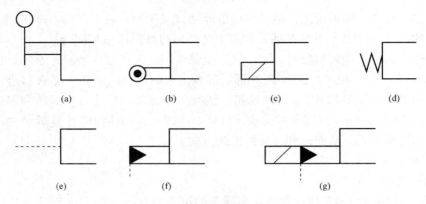

图 5 - 3　换向阀操纵方式符号

（a）手柄式；（b）机动式；（c）电磁动；（d）弹簧控制；（e）液动；（f）液压先导控制；（g）电液控制

4. 滑阀机能

指三位阀在常态位时各油口的连接关系。它有多种形式，其型号用大写英文字母形象地表示。常用三位四通、三位五通换向阀的中位滑阀机能形式见表 5 - 1。

表 5 - 1　　　　　　　　　　　　　　三位换向阀的滑阀机能

中位滑阀机能形式		O	H	Y	P	K	M	X
中间位置符号	三位四通	AB PT	AB PT	AB PT	AB PT	AB PT	AB PT	AB PT
	三位五通	AB T_1PT_2	AB T_1PT_2	AB T_1PT_2	A B T_1 P T_2	AB T_1PT_2	AB T_1PT_2	AB T_1PT_2

不同的滑阀机能是通过改变阀芯的形状和尺寸得到的，它们各有不同的工作特点，可以满足不同的使用要求。在分析和选择滑阀机能时，常考虑以下几个方面：

（1）泵是否卸荷。实际中当工作部件短时停止工作时，为了不频繁启停电机，一般都让泵空载运转卸去载荷（即让泵输出的油液全部在零压或很低压力下流回油箱），而不关闭电机，这样可减少功率损耗，降低系统发热，延长泵及电机的使用寿命。

在表 5 - 1 中，使泵卸荷的滑阀机能形式有 K、M、H 型；泵不卸荷，系统保压的滑阀机能形式有 O、Y、P 型，此时并联的其他执行元件运动不受影响，可用于多缸系统；泵基本上卸荷，但能保持一定的压力的滑阀机能形式为 X 型，各油口处于半开启状态。

（2）缸锁紧或浮动。当通往缸两腔的 A 口和 B 口均封闭时（如 O、M 型），缸锁紧，可使缸在任意位置停止，并防止其停止后窜动；当 A 口和 B 口相互连通时（如 Y、H 型）卧式缸呈浮动状态，在外力作用下可移动，常用于调试或试车对刀时实现手动操纵。

（3）换向平稳性与精度。当 A 口和 B 口均封闭时（如 O、M 型），换向时易产生液压冲击，换向不平稳，但换向精度高；当 A 口和 B 口都通 T 口时（如 Y、H 型），换向过程中工作部件不易制动，换向精度低，但换向平稳性好。

（4）启动平稳性。若缸某腔通 T 口（如 K 型），因启动时该腔内无足够的油液起缓冲作用，故启动平稳性差。

此外，采用 P 型滑阀机能时，泵与缸两腔连通，可实现差动连接。

5. 几种常用的换向阀

滑阀式换向阀按操纵方式可分为手动、机动、电动、液动、电液动等类型。

（1）手动换向阀。手动换向阀是依靠手动杠杆的作用力驱动阀芯运动实现换向，按其操作机构形式可分为手柄操作式和手轮操作式两种类型，分别通过推动手柄或转动手轮来改变阀芯位置。

图 5-4 所示为手柄操作换向阀。图 5-4（a）、（c）所示为弹簧复位式三位四通手柄操作换向阀结构及其图形符号。推动手柄可使阀芯在阀体内左右移动，从而实现换向功能。放开手柄后，阀芯在弹簧的作用下将自动回复初始位置。要使阀芯维持在换向位置，必须始终保持作用在手柄上的外力。图 5-4（b）、（d）所示为钢球定位式手柄操作换向阀结构及其图形符号，利用钢球嵌入定位槽中，使阀芯在左、中、右三个位置均可实现定位。

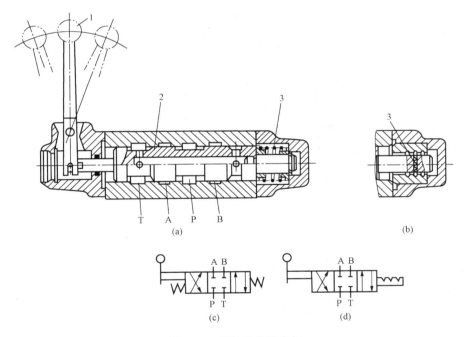

图 5-4　手柄操作换向阀
（a）、（c）弹簧复位式结构及图形符号；（b）、（d）钢球定位式结构及图形符号
1—手柄；2—阀芯；3—弹簧

手动换向阀操作简便，工作可靠，适用于动作变换频繁、工作持续时间短的场合，常用于行走机械的液压系统。

（2）机动换向阀。机动换向阀又称行程阀，是通过机械控制的方法改变阀芯位置实现换向，一般为二位阀。

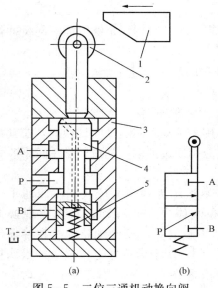

图 5-5 二位三通机动换向阀

（a）结构图；（b）图形符号

1—行程挡铁；2—滚轮；3—阀体；

4—阀芯；5—弹簧

图 5-5（a）所示为滚轮式二位三通机动换向阀的结构。安装在工作台上的行程挡铁 1（或凸轮）推压滚轮 2，使阀芯 4 下移。图中阀芯上的轴向孔是泄漏通道。这种阀常用于机床液压系统中实现快、慢速的转换。图 5-5（b）所示为其图形符号。

机动换向阀换向可靠、平稳，改变挡铁斜面角度便可改变换向时阀芯的移动速度，即可改变换向时间。

（3）电磁换向阀。电磁换向阀利用电磁铁的作用力推动阀芯移动实现换向。

1）工作原理。电磁换向阀就其工作位置来说，有二位、三位等。图 5-6（a）所示为三位四通电磁换向阀的结构原理图。当右侧的电磁线圈 4 通电时，吸合衔铁 5 将阀芯 2 推向左端，换向阀处于右位工作；当左侧的电磁铁通电时，换向阀处于左位工作；当两侧的电磁铁均断电时，换向阀处于中位（图示位置）。图 5-6（b）所示为其图形符号。

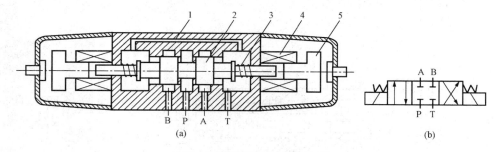

图 5-6 三位四通电磁换向阀

（a）结构原理图；（b）图形符号

1—阀体；2—阀芯；3—弹簧；4—电磁线圈；5—衔铁

2）阀用电磁铁。根据使用电源的不同，换向阀的电磁铁有交流和直流两种，每一种按电磁铁是否浸在油里，又有干式和湿式之分。

交流电磁铁启动力较大，不需要专门的电源，且换向时间短，但换向时冲击及噪声较大，故实际中允许的换向频率不能太高；又由于启动电流大，在阀芯被卡住时电磁线圈容易烧坏，所以工作可靠性较差，寿命较短。

直流电磁铁工作较可靠，换向时冲击及噪声较小，换向频率高，因具有恒电流特性，电磁线圈不容易烧坏，所以工作可靠性较好，寿命长。但需要专门的直流电源，成本较高。

湿式电磁铁较干式电磁铁而言价格稍贵，但由于具有换向平稳、可靠，使用寿命长等优点，故应用日益广泛。

此外，还有一种整体电磁铁，其电磁铁是直流的，但电磁铁本身带有整流器，通入的交流电经整流后再供给直流电磁铁。目前，国外新生产了一种油浸式电磁铁，衔铁和激磁线圈都浸在油液中工作。它具有寿命更长，工作更平稳可靠等特点，但由于造价较高，应用还不够广泛。

在安装电磁换向阀时，要按照电磁铁上电源种类和额定电压连接电源，并注意不能使双电磁铁电磁阀的两个电磁铁同时通电，否则将烧坏线圈。

电磁换向阀的电磁铁可用按钮开关、行程开关、限位开关、压力继电器等发出的电信号控制换向，操纵方便，自动化程度高，因而应用最广。但由于受到电磁铁吸力较小的限制，只宜用在流量小于 $1.05 \times 10^{-3}\ \mathrm{m^3/s}$ 的液压系统中，流量大的场合常采用液动换向阀和电液换向阀。

（4）液动换向阀。液动换向阀利用控制油路的压力油推动阀芯移动实现换向。

图 5-7 所示为三位四通液动换向阀的结构原理和图形符号。当控制油口 K_1 通压力油，K_2 通油箱时，阀芯两端产生压力差，使阀芯向右移动，换向阀处于左位工作；反之，换向阀处于右位工作；当控制油口 K_1、K_2 都不通压力油时，阀芯在两端弹簧的作用下处于中间位置（图示位置）。

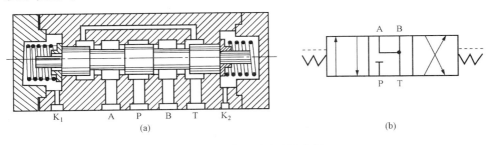

图 5-7　三位四通液动换向阀
（a）结构原理；（b）图形符号

由于压力油可产生很大的推力，所以液动换向阀适用于高压大流量液压系统。液动换向阀控制油路上常装有可调节流阀，用来调节换向时间。

（5）电液换向阀。电液换向阀是由电磁换向阀和液动换向阀二者组合而成的，用于大流量的液压系统中。

1）工作原理。电液换向阀通过电磁阀改变控制油液的方向，继而改变液动阀阀芯的移动方向。其中，电磁阀为先导阀，用来切换控制油路；液动阀为主阀，用来切换系统主油路。由于用来推动液动阀阀芯的控制流量不必很大，所以可用反应灵敏的小规格电磁阀方便地控制大流量的液动阀。电液换向阀在高压大流量的自动化液压系统中得到了广泛的应用。

图 5-8（a）所示为三位四通电液换向阀的结构图，（b）为图形符号，（c）为简化图形符号，其工作过程如下：

当电磁铁 4 通电时，控制油液经先导阀左位和单向阀 3 进入主阀左端控制油腔，推动主阀芯 1 向右移动，使主阀处于左位工作，这时主阀芯右端控制油腔中的油液通过节流阀 7 经先导阀流回油箱。反之，电磁铁 6 通电时，主阀处于右位工作，实现换向。调节节流阀开口的大小，便可改变主阀芯的移动速度，从而调节主阀换向时间。

当先导阀的两个电磁铁 4、6 均不通电时，先导阀在两端对中弹簧的作用下处于中位，此时控制油液进油口关闭，主阀芯在弹簧的作用下也处于中位，主阀上的 P、A、B 和 T 油

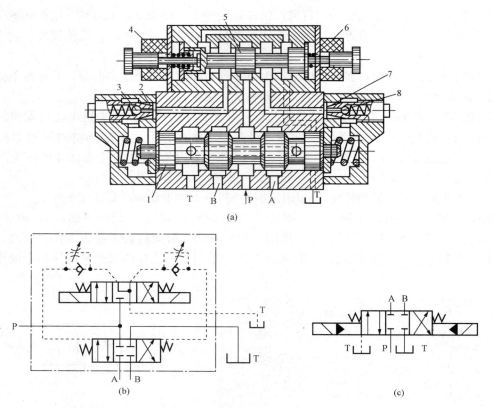

图 5 - 8　三位四通电液换向阀

（a）结构图；（b）图形符号；（c）简化图形符号

1—主阀芯；2、7—节流阀；3、8—单向阀；4、6—电磁铁；5—先导阀芯

口均不相通（图示位置）。为保证两个电磁铁均断电时，主阀芯两端能接通油箱泄压，从而使主阀芯可靠地停留在中位，先导阀的滑阀机能应为 Y 型。

图 5 - 8 中的主阀为 O 型滑阀机能，一般主阀体是不变的，配用不同的主阀芯可以得到不同滑阀机能的电液换向阀。

2）控制油液进排油方式。先导阀的控制油液可以和主油路来自同一油泵，并在阀体内接通，称为内控式；也可以另有独立油源单独引入，称为外控式。另外，如果从主阀阀芯两端油腔排出的控制油液经先导阀回油箱，称为外排式；如果直接经主阀回油箱，称为内排式。电液阀根据控制油液进入和排出的方式不同，可以组成内控外排、外控内排、外控外排和内控内排四种控制形式，供不同的使用场合选用。图 5 - 8 所示为内控外排式。但无论选用哪种控制形式，均应注意控制压力要大于推动主阀芯换向所需要的压力。

6. 换向阀的应用

（1）控制执行元件换向。采用二位四通、二位五通、三位四通或三位五通换向阀都可以方便地改变执行元件的运动方向，组成换向回路。图 5 - 9 所示为采用二位三通换向阀的换向回路，用来使单作用式缸或差动缸实现换向。

（2）用行程阀作先导阀实现连续往复运动。如图 5 - 10 所示，液动阀 C 处于右位，活塞向左运动；当挡铁压下行程阀 A 后，控制油液经阀 A 进入阀 C 左腔，C 右腔控制油液经阀 B 回油箱，阀 C 变为左位，使活塞向右运动，释放阀 A，此时阀 C 在定位装置的作用下保持左位工作；当活塞右移到一定位置，挡铁压下行程阀 B 后，阀 C 变为右位，活塞又向左运动。这样，利用行程阀作先导阀使液压缸实现了连续往复运动。

（3）用电磁阀实现完整工作循环。图 5-11 所示为一利用电磁铁通断电使液压缸实现完整工作循环的液压回路。当电磁铁 1YA、3YA 通电时，活塞右移，实现差动快进；当 1YA 通电，3YA、4YA 断电时，实现工进；2YA、4YA 通电时，活塞左移，实现快退；电磁铁均断电时，活塞停止，泵经阀 A 卸荷。

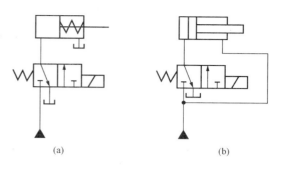

图 5-9 换向回路
（a）控制单作用式缸换向；（b）控制差动缸换向

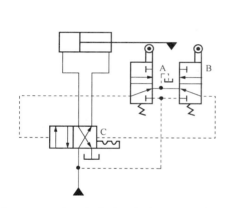

图 5-10 用行程阀作先导阀实现连续往复运动

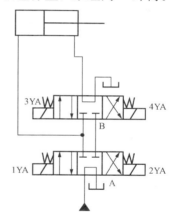

图 5-11 用电磁阀实现完整工作循环

（4）多路换向阀。将两个以上的手动换向阀组合在一起，形成以换向阀为主的组合阀称多路换向阀，简称多路阀。多路阀具有结构紧凑、管路简单、压力损失小和安装简便等优点，常用于工程机械及其他要求集中操纵多个执行元件运动的行走机械中。

多路阀的组合方式有并联式、串联式、顺序式和复合式四种（见图 5-12）。

图 5-12（a）所示为并联式多路阀。泵可同时向各执行元件供油，操纵某个换向阀就可控制对应缸的动作。若同时操纵两个以上换向阀，则负载小的缸先动作。

图 5-12（b）所示为串联式多路阀。前一个换向阀的回油口与后一个换向阀的进油口相连。各缸既可单独动作，又可同时动作。

图 5-12（c）所示为顺序式多路阀。操纵前一个换向阀，则切断了后一个换向阀的供油，保证各执行元件只能按阀的前后顺序单独优先动作。如要后一阀控制的缸动作，则前一阀必须处于非工作（中位）状态。

另外，还可由上述三种基本多路阀中任意两种或三种组成复合式多路阀。

各换向阀处于中位时，可实现泵卸荷。为阻止换向过程中各执行元件内的压力油倒流，特设进油单向阀。

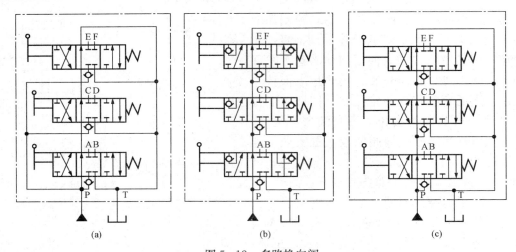

图 5-12 多路换向阀

(a) 并联式；(b) 串联式；(c) 顺序式

二、单向阀

液压系统中常见的单向阀有普通单向阀和液控单向阀两种。

1. 普通单向阀

普通单向阀也称为单向阀，其作用是只允许油液沿一个方向流动，即正向流通，反向截止。

单向阀一般由阀体 1、阀芯 2、弹簧 3 等零件组成，如图 5-13（a）所示。当压力油从进油口 P_1 流入时，克服弹簧 3 作用在阀芯 2 上的力，使阀芯向右移动，打开阀口，并通过阀芯 2 上的径向孔 a、轴向孔 b 从出油口 P_2 流出。但当油液反向流动时，油压力和弹簧力一起使阀芯锥面压紧在阀座上，阀口关闭，油液无法通过。图 5-13（b）所示为单向阀的图形符号。

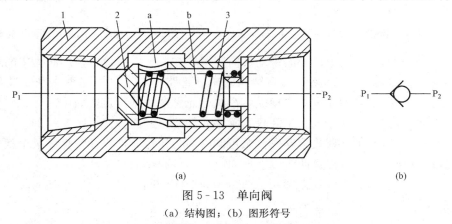

图 5-13 单向阀

（a）结构图；（b）图形符号

1—阀体；2—阀芯；3—弹簧

单向阀的阀芯有钢球式和锥阀式两种，图 5-13 所示为锥阀式。钢球式制造简单，价格便宜，但密封性较差，仅用于低压、小流量场合。目前使用的单向阀大多是锥阀式的。

2. 液控单向阀

如果在一般情况下要求油液只能单向流动，但在某一时刻仍希望双向流动时，可采用液控单向阀。

图 5 - 14 （a）所示为液控单向阀的结构图。当控制口 K 处无压力油通入时，它的工作机制和普通单向阀一样：压力油只能从进油口 P_1 流向出油口 P_2，不能反向倒流。当控制口 K 有控制压力油通入时，因控制活塞 1 右侧 a 腔通泄油口 L，活塞 1 右移，推动顶杆 2 顶开阀芯 3，使进油口 P_1 和出油口 P_2 接通，油液便可以在两个方向自由流通。控制油液常从主油路上单独引出，其最小油压约为系统主油路油液压力的 $30\% \sim 50\%$。图 5 - 14 （b）所示为液控单向阀的图形符号。

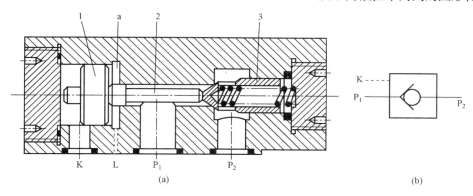

图 5 - 14　液控单向阀

（a）结构图；（b）图形符号

1—活塞；2—顶杆；3—阀芯

在高压系统中，为降低控制油压力，常采用带卸荷阀芯的液控单向阀（见图 5 - 15）。在单向阀芯内增设一小卸荷阀芯 4 作先导阀芯，因该阀芯的承压面积小，易被顶起。即在锥阀 3 开启前，顶杆 2 先顶开卸荷阀芯，使 P_1、P_2 两腔通过卸荷阀芯圆杆上的小缺口相通，P_2 腔将逐渐卸压，直到阀芯上、下两腔的油压平衡，此时控制活塞 1 便可轻易地顶开锥阀，从而实现反向流动。这样，控制口 K 的最小油压仅为系统主油路油液压力的 5% 左右。

3. 单向阀的应用

（1）普通单向阀的应用。

1）作为单向阀，控制油路单向接通。为满足使用时，要求单向阀正向流动阻力小、反向关闭灵敏，单向阀的弹簧一般刚度很小，开启压力仅为 $0.03 \sim 0.05$ MPa。

2）作为背压阀。此时应选用较硬的弹簧，将其安装在液压系统中的回油路中，使油液在回油时产生 $0.2 \sim 0.6$ MPa 的背压力，以提高执行元件运动的平稳性。

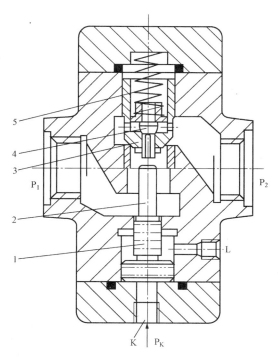

图 5 - 15　带卸荷阀芯的液控单向阀

1—控制活塞；2—顶杆；3—锥阀；

4—卸荷阀芯；5—弹簧

3）接在泵的出口，避免系统油液向泵倒流。

4）与其他控制元件组成具有单向功能的组合元件，如单向减压阀、单向顺序阀、单向节流阀、单向调速阀等。

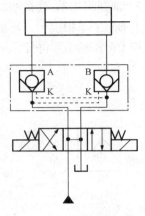

图 5-16　用液控单向阀的
锁紧回路

（2）液控单向阀的应用。由于液控单向阀的阀芯一般为锥阀，在未通控制油时，具有良好的反向密封性，实际中常利用液控单向阀将缸固定在任何位置，起锁紧作用。

图 5-16 所示为采用液控单向阀的锁紧回路。由于换向阀的密封性差，滑阀存在泄漏，使得锁紧时间不能持久，可靠性不够高。现采用液控单向阀 A、B 组成"液压锁"，使液压缸既能动作（换向阀处于左、右位时），又能实现双向锁紧（换向阀处于中位时）。该回路广泛用于要求执行元件保持可靠锁紧的场合，如数控加工中心、工程机械、起重机械等液压系统中。

为使锁紧时液控单向阀的控制活塞能迅速退回，使阀关闭，阀 A、B 的控制油口应和油箱相通，即换向阀采用 H 型或 Y 型滑阀机能。

三、方向控制阀的常见故障及排除方法

在实际液压系统中，只有理解掌握阀的工作原理，熟悉其结构特点，才能分析找出各类阀产生故障的原因，从而采取相应的方法排除故障。表 5-2 中列举了方向控制阀的一些常见故障及排除方法。

表 5-2　　　　　　　　　　　方向控制阀的常见故障及排除方法

故障现象			产生故障的可能原因	排 除 方 法
换向阀	阀芯不动或不到位	滑阀卡住	1. 阀芯与阀孔配合间隙过小或装配不同心； 2. 阀芯和阀体几何形状误差大、阀芯表面有杂质或杂刺； 3. 油液过脏，油液变质，油温过高； 4. 弹簧过硬、变形或断裂	1. 修理； 2. 研修或更换阀芯； 3. 过滤、更换油液； 4. 更换弹簧
		液控阀控制油路故障	1. 控制油压过小或无控制油液； 2. 节流阀关闭或堵塞； 3. 阀芯两端泄油口没有接回油箱或泄油管堵塞	1. 提高控制压力或通入控制油液； 2. 检查、清洗节流口； 3. 将泄油口接回油箱或清洗泄油管
		电磁铁故障	1. 电磁铁烧毁； 2. 电压过低或漏磁、电磁铁推力不足； 3. 电磁铁接线焊接不牢； 4. 推杆过长或过短	1. 检查烧毁原因，更换电磁铁； 2. 检查电源或漏磁原因； 3. 重新焊接； 4. 修复，必要时换推杆

故障现象		产生故障的可能原因	排　除　方　法
普通单向阀	不起单向作用	1. 阀体或阀芯变形、阀芯有毛刺或油液污染使阀芯卡死； 2. 弹簧漏装	1. 研修，去毛刺或清洁油液； 2. 安装弹簧
	阀与阀座泄漏严重	1. 阀座锥面密封不严； 2. 阀芯或阀座拉毛	1. 重新研配； 2. 重新研配
液控单向阀	反向时打不开	1. 控制油压力过小或无控制油液； 2. 单向阀或控制阀芯卡死； 3. 泄油管接错或堵塞	1. 提高控制压力或通入控制油液； 2. 清洗，修配； 3. 接通或清洗泄油管

第三节　压力控制阀及应用

在液压系统中，用来控制系统压力或利用压力为信号控制其他元件动作的阀，均属于压力控制阀，简称压力阀。它们都是利用作用在阀芯上的液压力和弹簧力相平衡的原理进行工作的。

根据结构和功用的不同，压力阀可分为溢流阀、减压阀、顺序阀、压力继电器、压力表保护阀等。

一、溢流阀

溢流阀是使系统中多余油液通过该阀溢出，从而维持系统压力基本恒定的压力阀。通常接在液压泵出口处的油路上。常用的溢流阀按其结构和工作原理不同，可分为直动式和先导式两种。

1. 溢流阀的结构和工作原理

（1）直动式溢流阀。直动式溢流阀是作用在阀芯底部的油液压力与调压弹簧力直接相平衡的溢流阀。

直动式溢流阀的结构如图 5-17 （a）所示。调压手柄 1 用来改变弹簧的预紧力，从而调整溢流阀进口处油液压力 p（即系统压力）的大小。调压手柄调整好后，要用锁紧螺母 3 锁紧，以防止工作中误操作改变压力调定值。阀芯中间的阻尼孔 a 用来对阀芯的运动产生阻尼，避免阀芯动作过快造成振动，以提高阀工作的平稳性。通过阀芯周围间隙进入阀芯上端弹簧腔的油液，经内泄油孔 b、回油口 T 流入油箱。

直动式溢流阀的阀芯，除上述滑阀式结构外，也可做成锥阀式结构或球阀式结构，其工作原理相同。滑阀式结构泄漏较大；锥阀和球阀具有结构简单、密封性好、灵敏度高等优点，在普通液压阀中应用非常广泛。

图 5-17 （b）所示为直动式溢流阀的工作原理示意。图中 A 为阀芯 4 底部的承压面积，F_s 为调压弹簧 2 的作用力。被控压力油从进油口 P 流入，经阻尼孔 a，作用在阀芯下腔的底部端面上。当进油压力 p 较低，液压作用力 $pA < F_s$（忽略阀芯自重、摩擦力和液动力等阻力）时，阀芯在弹簧力的作用下压紧在阀座上，阀口关闭，没有油液溢流回油箱；当压力 p 升高到 $pA > F_s$ 时，阀芯上升，阀口打开，部分油液溢流回油箱，限制进油压力 p 继续升高。

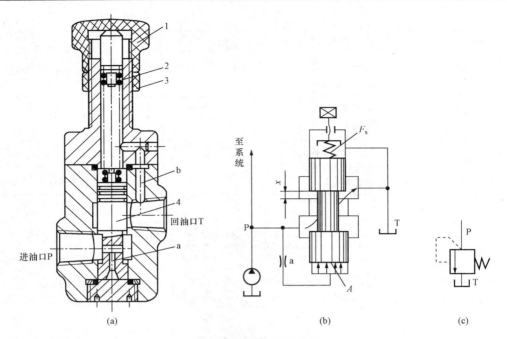

图 5-17 直动式溢流阀

(a) 结构图；(b) 原理图；(c) 图形符号

1—调压手柄；2—调压弹簧；3—锁紧螺母；4—阀芯

当溢流阀稳定工作时，作用在阀芯上的力处于平衡状态，$pA=F_s$，此时阀口保持一定的开度，系统压力调定为 $p=F_s/A$。如果由于外负载等因素的影响，使系统压力升高，超过调定值，则阀口开度 x 增大，溢流阻力减小，使系统压力降低到调定值；反之，如果系统压力低于调定值，则阀口开度 x 减小，溢流阻力增大，使系统压力升高至调定值。由于阀口开度 x 的变化很小，作用在阀芯上的弹簧力 F_s 的变化也很小，可近似地将其视为常数，故压力 p 被控制在调定值附近基本保持不变，从而使系统压力近于恒定。

随着系统工作压力的提高，直动式溢流阀上的弹簧力要增大，弹簧刚度也要相应增加，这样，不但造成装配困难，调压不便，而且当溢流量发生变化时，弹簧力 F_s 的变化加大，系统压力的波动也将变大，使得调压精度降低。所以，这种直动式溢流阀一般只用于压力小于 2.5MPa 的低压小流量场合。图 5-17（c）所示为直动式溢流阀的图形符号。

如果采取适当的措施，也可将直动式溢流阀用于高压大流量场合。例如，德国 Rexroth 公司开发的通径为 6～20mm 的压力为 40～63MPa、通径为 25～30mm 的压力为 31.5MPa 的直动式溢流阀，最大流量可达到 $5.5×10^{-3}$ m³/s。

（2）先导式溢流阀。在中、高压，大流量的组合机床、工程机械等液压系统中，常采用先导式溢流阀。

先导式溢流阀的结构如图 5-18（a）所示，它由先导阀和主阀组成。先导阀实际上是一个小规格的直动式溢流阀，用来控制调整主阀芯上腔的压力，而主阀则用来控制溢流流量。

图 5-18（b）、（c）所示为先导式溢流阀的工作原理示意和图形符号。设 A_1、A 分别为

先导阀芯和主阀芯的有效承压面积，F_{s2}、F_{s4}分别为调压弹簧 2 和主阀弹簧 4 的弹簧力，分析阀芯受力情况时忽略阀芯自重、摩擦力、液动力等阻力。

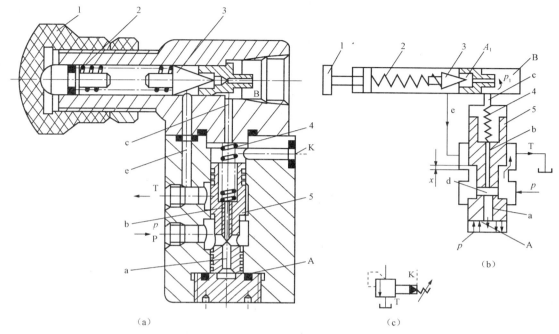

图 5-18　先导式溢流阀

（a）结构图；（b）原理图；（c）图形符号

1—调压手柄；2—调压弹簧；3—先导阀芯；4—主阀弹簧；5—主阀芯

压力为 p 的油液从 P 口进入，经孔 a 进入主阀芯底部油腔 A（设 A 腔油液压力为 p），同时通过阻尼孔 b 进入主阀芯上部油腔，并经通道 c 进入先导阀右侧油腔 B（设 B 腔油液压力为 p_1）。

当进口压力较低，$p_1 A_1 < F_{s2}$ 时，先导阀关闭，经孔 b 中的油液不流动，孔 b 前后压力相等（$p_1 = p$），作用在主阀芯 5 上、下两腔的液压力也相等。此时，主阀芯在主阀弹簧 4 作用下关闭，不溢流。

当进口压力升高到 $p_1 A_1 > F_{s2}$ 时，先导阀打开，少量压力油就可通过通道 e、回油口 T 流回油箱。由于油液流经阻尼孔 b，使主阀芯上下腔产生压力差，当此压力差（$\Delta p = p - p_1$）对主阀芯产生的作用力超过主阀弹簧力 F_{s4} 时，就会使主阀开启并溢流。主阀弹簧力随其阀口开度 x 的增大而增大，直到与主阀芯上的液压作用力相平衡。

在稳定溢流状态下，先导阀芯和主阀芯的力平衡方程分别为

$$p_1 A_1 = F_{s2} \tag{5-1}$$

$$pA = p_1 A + F_{s4} \tag{5-2}$$

故

$$p = p_1 + F_{s4}/A \tag{5-3}$$

由于主阀芯上腔有压力 p_1 存在，所以即使系统压力 p 较大，主阀弹簧 4 仍可以做得很软（即刚度很小）。这样，在阀口开度 x 随主阀芯的流量改变时，虽然主阀弹簧力 F_{s4} 随之发生变化，但因主阀弹簧 4 刚度低，F_{s4} 变化小，所以先导式溢流阀的被控压力波动小，调压精度较高。

　　同时，调压弹簧 2 的刚度也不必太大，调整比较轻便。这是因为先导阀溢流量很小（约为溢流阀额定流量的 1%），故先导阀承压面积 A_1 和开口量均很小，所以用一个刚度不太大的调压弹簧 2 即可调整较高的开启压力 p_1。通过调压手柄 1 调节调压弹簧 2 的预紧力，便可调整溢流压力（系统压力）的大小。另外，也可通过更换调压弹簧来满足不同调压范围的要求，例如 Y_2 型（先导式）中、高压溢流阀就是将先导阀的调压弹簧设计成四根粗细不同的弹簧，分别得到中、高压四个级别的调压范围。

　　先导式溢流阀的先导阀一般为锥阀式或球阀式结构；主阀则有滑阀式或锥阀式两种结构。主阀为滑阀式结构的先导式溢流阀，密封性差，性能也较差，一般仅用于中低压场合。高压场合主阀大多采用的是锥阀式结构，锥阀式结构的主阀又包括二节同心式和三节同心式结构。图 5-19 所示为我国联合设计的 Y_1 型先导式溢流阀，其先导阀为锥阀式结构，主阀为三节同心式结构，与美国威格士公司的 ECT 型先导式溢流阀相似。

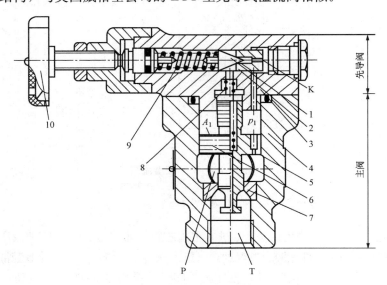

图 5-19　Y_1 型先导式溢流阀

1—先导阀芯；2—先导阀座；3—阀盖；4—阀体；5—阻尼孔；6—主阀芯；

7—主阀体；8—主阀弹簧；9—调压弹簧；10—调压手柄

　　先导式溢流阀的主阀芯上腔开有通往外界的远程控制口 K，这使它具有比直动式溢流阀更多的功能，可以实现卸荷、远程调压、多级调压等作用。

　　2. 溢流阀的应用

　　（1）溢流稳压。溢流稳压是溢流阀的主要用途，常用于定量泵的节流调速系统中。图 5-20 所示为定量泵供油系统的最基本形式，溢流阀 2 并联于系统中，调节节流阀 3 的开口大小可以调节进入液压缸 4 的流量，以控制执行元件的运动速度。由于定量泵 1 的流量大于液压缸所需的流量，所以油压升高，将溢流阀 2 打开，多余的油液经溢流阀溢流回油箱，并保持系统压力基本恒定。在系统正常工作时，溢流阀处于常开状态。

　　（2）作为安全阀。图 5-21 所示为一个采用变量泵的供油系统，在正常工作时，溢流阀 2 关闭，不溢流，只有在系统过载，压力升至溢流阀的开启压力时，阀口才打开，使变量泵排出的油液经溢流阀 2 流回油箱，限制系统压力继续升高，从而保证液压系统的安全。

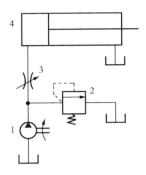

图 5 - 20　溢流阀起溢流定压作用

1—定量泵；2—溢流阀；3—节流阀；4—液压缸

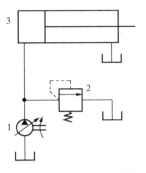

图 5 - 21　溢流阀起安全阀作用

1—变量泵；2—溢流阀；3—液压缸

（3）作为背压阀。将溢流阀装在回油路上可作为背压阀使用。

（4）实现远程调压。远程控制口 K 不用的时候可用螺塞堵住，此时主阀芯上腔的油液压力只能由自身的先导阀来控制。但如果将 K 口用油管与其他压力阀相连时，主阀芯上腔的油液压力就可以由远离主阀的另一个压力阀控制，而不受自身先导阀调控。

如图 5 - 22 所示，当电磁铁通电时，先导式溢流阀 3 的远程控制口 K，通过二位二通阀 2 与溢流阀 1 的进油口相连，此时主阀芯上腔的油液压力由阀 1 控制，只要系统压力达到阀 1 的调定值，主阀芯即可开启溢流。这样，调整远程调压阀 1 的调压手柄，就可以在远离溢流阀 3 的地方调节阀 3 的压力，实现远程调压。注意，只有在远程调压阀 1 的调整压力低于溢流阀 3 本身先导阀的调整压力值时，远程调压阀才能起到调压作用。当电磁铁断电时，系统压力仍由先导式溢流阀 3 确定，因此，这是一个二级调压回路。

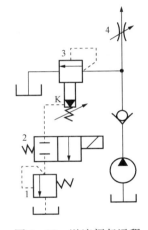

图 5 - 22　溢流阀起远程
调压作用

1—溢流阀；2—二位二通阀；
3—先导式溢流阀；4—节流阀

（5）作为卸荷阀。在图 5 - 22 中，若使远程控制口 K 通过小流量的二位二通阀直接通油箱，则主阀芯上端的压力接近于零，由于主阀弹簧较软，主阀芯在进口压力很低时即可抬起溢流，使泵卸荷，所以 K 口又称卸荷口。实际中常将该二位二通阀与溢流阀做成一体，俗称电磁溢流阀。

（6）实现多级调压。图 5 - 20 所示为最基本的单级调压回路，当系统中需要两种以上不同压力时，可采用多级调压回路。在图 5 - 23（a）中，泵出口压力由溢流阀 1 调定，溢流阀 3、4 依靠换向阀可分别与泵出口并联，因此能得到三级调定压力，各溢流阀的额定流量要与泵的额定流量相同。图 5 - 23（b）也是一个三级调压回路，它是利用先导式溢流阀 1 的 K 口分别与远程调压阀 3、4 的入口相连实现调压的，故阀 3、阀 4 采用小流量规格的溢流阀即可。上述两种三级调压回路中，阀 3、阀 4 的调整压力均要低于溢流阀 1 的调整压力。

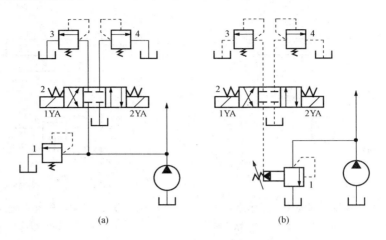

(a)   (b)

图 5-23　溢流阀起多级调压作用

1、3、4—溢流阀；2—换向阀

3. 溢流阀的性能特性

溢流阀的性能特性包括稳态特性和动态特性。在此仅简要介绍稳态特性。稳态特性是指溢流阀在稳定工作状态下（即系统压力没有突变时），溢流阀所控制的压力—流量特性，它主要包括以下几个方面：

（1）调压范围。调压范围就是溢流阀的使用压力范围。要求溢流阀在调压范围内，系统压力能平稳地上升或下降，且压力无突跃及迟滞现象。调压弹簧的刚度越大，溢流阀的调压范围越宽，但调节较困难。一般先导式溢流阀的调压范围较宽，直动式溢流阀的调压范围较窄。

（2）启闭特性。启闭特性是指溢流阀从开启到闭合的过程中，被控压力与通过溢流阀的溢流量之间的关系。它是衡量溢流阀定压精度的一个重要指标，一般用溢流阀开始溢流时的开启压力 p_k 和停止溢流时的闭合压力 p_B 与调定压力 p_n（阀达到额定溢流量 q_n 时所对应的压力）的比值 p_k/p_n、p_B/p_n 来衡量。前者称为开启率，后者称为闭合率，比值越大，溢流阀的启闭特性就越好。一般应使开启率大于 90%，闭合率大于 85%。直动式和先导式溢流阀的启闭特性曲线如图 5-24 所示。可见，先导式溢流阀的启闭特性优于直动式溢流阀。即先导式溢流阀的调压偏差小，开启率和闭合率高，调压精度高。

由以上分析可知，直动式溢流阀结构简单，灵敏度高，但压力受溢流量变化的影响较大，调压偏差大，只适于在低压、小流量或调压精度要求低的场合下工作，常用作安全阀。而先导式溢流阀虽然灵敏度比直动式溢流阀有所降低，但调压精度却有明显提高，所以被广泛用于高压、大流量和调压精度要求较高的场合。

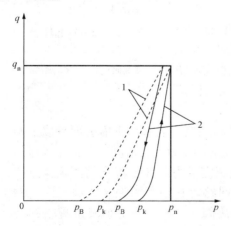

图 5-24　溢流阀的启闭特性曲线

1—直动式溢流阀；2—先导式溢流阀

二、减压阀

减压阀主要用来降低液压系统中某一分支油路的压力，并使其保持基本恒定，即起减压稳压作用。减压阀按其结构和工作原理不同，也可分为直动式和先导式两大类。根据减压阀所控制的压力不同，又可分为定值减压阀、定差减压阀和定比减压阀。定值减压阀能使阀出油口的压力近于恒定，定差减压阀能使进、出油口之间的压力差基本不变，而定比减压阀能使进、出油口压力的比值维持恒定，其中，先导式定值减压阀应用最广，简称减压阀。下面介绍先导式减压阀的结构和工作原理。

1. 减压阀的结构和工作原理

图 5 - 25 所示为先导式减压阀的结构图，它与先导式溢流阀的结构相似，同样由先导阀和主阀组成，两种阀的主要零件可以互相通用。

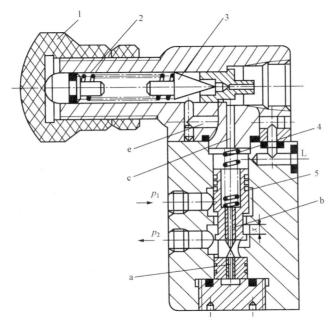

图 5 - 25　先导式减压阀的结构图
1—调节螺母；2—调压弹簧；3—锥阀；4—主阀弹簧；5—主阀芯

图 5 - 26（a）所示为先导式减压阀的工作原理示意。液压系统主油路的高压油 p_1 从进油口 P_1 进入，经节流阀口 x，压力降低为 p_2 后，一方面从出油口 P_2 流出，经分支油路送往执行机构，另一方面经孔 a 进入主阀芯下腔（设油液压力为 p_2），同时经阻尼孔 b 进入主阀芯上腔（设油液压力为 p_3），并经通道 c 进入先导阀右侧油腔。

当出口压力 p_2 较低，使 p_3 低于调定压力时，先导阀关闭，主阀芯 5 被主阀弹簧 4 推至最下端，主阀阀口全开，不起减压作用。

当分支油路的负载增大时，p_2 升高，p_3 也随之升高，在 p_3 超过调压弹簧调定的压力时，先导阀打开，在压力差的作用下，主阀芯上移，节流阀口 x 减小，使出口压力 p_2 下降，实现减压，直到作用在主阀芯上的各个力相互平衡，主阀芯处于新的平衡位置。此时节流阀口 x 保持一定开度，使出口压力基本恒定。

图 5-26（b）所示为先导式减压阀的图形符号，图 5-26（c）所示为直动式减压阀或减压阀的一般符号。

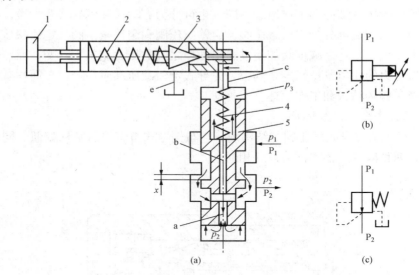

图 5-26　先导式减压阀的工作原理示意
（a）工作原理示意；（b）先导式减压阀图形符号；（c）直动式减压阀图形符号
1—调压手柄；2—调压弹簧；3—先导阀芯；4—主阀弹簧；5—主阀芯

比较先导式减压阀和先导式溢流阀，它们的结构、工作原理和图形符号十分相似，学习时要注意比较区分。二者不同之处主要有以下几点：

（1）控制主阀芯移动的油液减压阀来自出油口，而溢流阀来自进油口。

（2）减压阀保持出口压力基本不变，而溢流阀保持进口压力基本不变。

（3）在不工作时，减压阀进、出油口互通，处于常开状态，而溢流阀进、出油口不通，处于常闭状态。

（4）减压阀的先导阀弹簧腔需通过泄油口单独外接油箱（外泄），而溢流阀的出油口是直接通油箱的，其先导阀的弹簧腔和泄漏油可通过阀体上的通道和出油口相通，故无单独泄油口（内泄）。

2. 减压阀的应用

（1）减压稳压。液压设备的润滑油路，夹紧、定位油路，制动、离合油路，液压系统控制油路等，所需要的工作压力往往低于其他工作部件的油压，此时若共用一个液压泵供油，可在此分支油路中串联一个减压阀。

图 5-27 所示为常见驱动夹紧机构的减压回路。溢流阀 2 用来控制系统主油路压力。夹紧缸 6 所需要的夹紧力由减压阀 3 来调节，并稳定在调定值上。单向阀 4 的作用是防止主油路压力降低时（低于减压阀的调定值）油液倒流，使夹紧缸的夹紧力不受主油路压力波动的影响，短时保压。

为使减压回路工作可靠，一般减压阀调定的压力值要在大于 0.5MPa 到小于系统主油路压力 0.5MPa 的范围内。

（2）实现远程调压或多级调压。利用先导式减压阀的远程控制口 K，可实现远程调压或

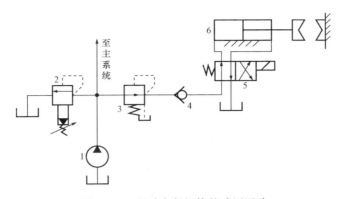

图 5 - 27　驱动夹紧机构的减压回路

1—液压泵；2—溢流阀；3—减压阀；4—单向阀；5—换向阀；6—夹紧缸

多级调压。

图 5 - 28 所示为一个两级减压回路，远程调压阀 5 的调整压力值要低于先导式减压阀 3 的调整压力值。

三、顺序阀

顺序阀是以压力作为控制信号，自动接通或切断某一油路的压力阀，常用来控制液压系统中各执行元件动作的先后顺序。

根据结构和工作原理不同，顺序阀也有直动式和先导式之分。按照控制压力的不同，顺序阀又有内控式和外控式之分，内控式顺序阀利用阀的进油口处压力控制阀芯启闭，简称顺序阀；外控式顺序阀利用外来的控制油压力控制阀芯启闭，称为液控顺序阀。

1. 顺序阀的结构和工作原理

（1）内控式顺序阀。图 5 - 29 所示为两种内控式顺序阀的结构和图形符号，图 5 - 29（a）为直动式顺序阀，（b）为先导式顺序阀，后者适用于压力较高、流量较大的液压系统中。当进油口压力低于顺序阀的调定压力时，阀口完全关闭；当进油口压力达到调定压力时，阀口开启，压力油从出油口 P_2 流出，从而驱动后续元件动作。

由此可见，顺序阀实质上是一个开关元件，它和溢流阀的结构基本相似，主要不同点如下：

1）顺序阀的出油口通向系统的另一压力油路，而溢流阀的出油口通油箱。

2）顺序阀打开后，进口处压力可继续升高，而溢流阀保持进口处压力基本不变。

3）顺序阀的泄油方式为外泄式，而溢流阀为内泄式。

（2）外控式顺序阀。图 5 - 30 所示为直动式液控顺序阀的结构、工作原理和图形符号，它与内控式顺序阀的区别在于阀芯上没有与进油口相通的孔，进口油液不能进入阀芯下腔。控制阀芯运动的油液来自其下部的控制油口 K，阀口的启闭取决于通入 K 口的外部控制油压的大小，而与主油路进油口压力无关。

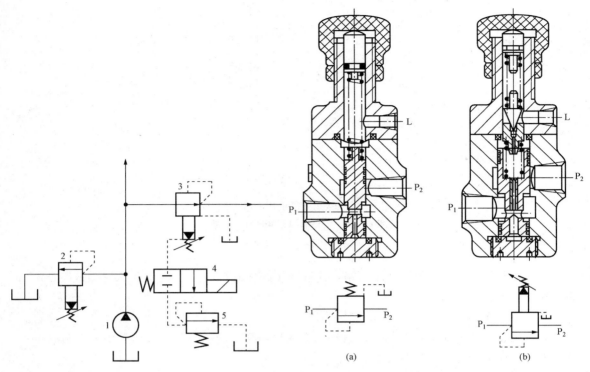

图 5 - 28　两级减压回路

1—液压泵；2—溢流阀；3—减压阀；

4—换向阀；5—远程调压阀

图 5 - 29　两种内控式顺序阀的结构和图形符号

（a）直动式顺序阀；（b）先导式顺序阀

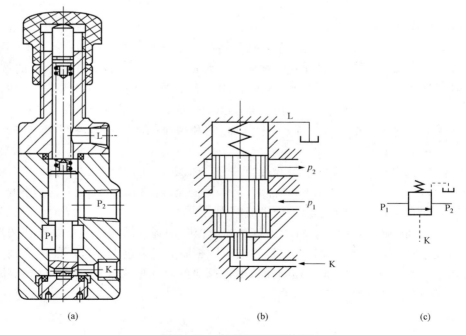

图 5 - 30　直动式液控顺序阀

（a）结构图；（b）工作原理图；（c）图形符号

2. 顺序阀的应用

（1）控制多个执行元件的动作顺序。图 5 - 31 所示为利用顺序阀控制的顺序动作回路。当换向阀 1 处于左位时，液压缸 A 的活塞向右运动，实现动作①后，系统压力上升到顺序阀 2 的调定压力，顺序阀 2 开启，压力油进入液压缸 B 的左腔，实现动作②；同理，当换向阀 1 处于右位时，两液压缸先后实现动作③和④。为保证严格的动作顺序，顺序阀的调定压力值应比前一个执行元件的最大工作压力高 0.5～0.8MPa，否则顺序阀可能在压力波动时先行打开，造成误动作。为使液流能反向通过，顺序阀常和单向阀并联组合成单向顺序阀。

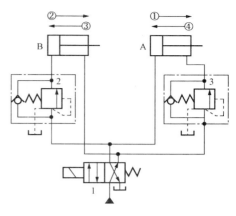

图 5 - 31　利用顺序阀控制的顺序动作回路
1—换向阀；2、3—顺序阀

（2）作为卸荷阀。如果将液控顺序阀的出油口 P_2 与油箱接通，则成为卸荷阀，为外控内泄式阀，用来使液压泵卸荷。图 5 - 32 所示为直动式卸荷阀的图形符号。

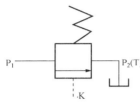

图 5 - 32　卸荷阀图形符号

（3）作为平衡阀。为了防止立式缸和与之相连的工作部件因自重而自行下落或马达出现"飞速"，可采用平衡回路，即在立式缸下行的回油路上设置一顺序阀，使缸的回油腔中产生一定的背压以平衡自重。

图 5 - 33 所示为采用单向顺序阀的平衡回路。其中，顺序阀的调定压力应稍大于由工作部件自重在缸下腔中形成的压力，使得换向阀处于中位时，活塞不会因自重而下落，但因顺序阀和换向阀的泄漏，实际上活塞仍会缓慢下行。当换向阀处于右位时，由于背压的存在，使活塞得以平稳下行，但由于下行时需打开顺序阀，故向下快速运动时功率损失较大。所以，该回路仅适用于工作部件重量不大，活塞锁住时定位要求不高的场合。

图 5 - 34 所示为采用液控单向顺序阀的平衡回路。当换向阀处于中位时，缸上腔能迅速卸压，使液控顺序阀迅速关闭，所以锁紧比较可靠。当换向阀处于右位时，压力油进入缸上腔，a 点压力上升，打开顺序阀，使缸下腔回油，活塞下行。由于背压较小，故功率损失也较小。如果在下行过程中，由于自重增加造成下降过快，将使缸上腔的压力油来不及作相应补充，a 点压力随之降低，液控顺序阀阀口关小，从而阻止活塞超速下降。该回路适用于平衡的重量有变化、安全性要求较高的场合，如液压起重机等设备中。但由于液控顺序阀受 a 点压力的控制，开口经常处于不稳定状态，影响了工作平稳性。

（4）作为背压阀，将顺序阀接在回油路上。

四、压力继电器

压力继电器是一种将油液的压力信号转换成电信号的压力控制元件。它可以根据液压系统压力的变化自动接通或断开有关电路，常用于电气元件和液压元件组成的自动控制系统中，如数控机床、注塑机、油压机等液压设备中。

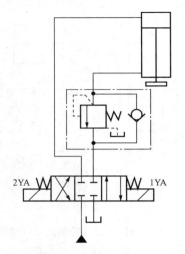

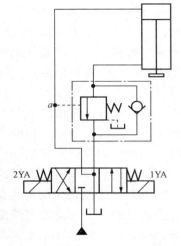

图 5-33　采用单向顺序阀的平衡回路　　　　　　图 5-34　采用液控单向顺序阀的平衡回路

1. 压力继电器的工作原理

按照结构的不同，压力继电器可分为柱塞式、薄膜式、弹簧管式和波纹管式，它们的工作原理大致相同，其中，柱塞式压力继电器应用最广。

图 5-35 所示为薄膜式压力继电器的工作原理图和图形符号。压力油从控制油口 K 进入薄膜底部，当液压作用力达到调定压力时，橡胶（或塑料）薄膜中间凸起，克服弹簧 6 的弹簧力，顶动柱塞 5 上移，柱塞 5 的锥面使钢球 8 和 2 水平移动，通过杠杆 9 压下微动开关 11 的触销 10，发出电信号。改变弹簧 6 的预紧力，即可调节压力继电器的动作压力。当 K 口压力降低到一定值时，弹簧 6 将柱塞压下，钢球 2 靠弹簧 3 的作用力使柱塞定位，触销 10 的弹力使杠杆和钢球 8 复位，电信号消失。薄膜式压力继电器反应快，重复精度高，但受压力波动的影响较大，不宜用于高压场合，其调节范围为 0.6～6.3MPa。

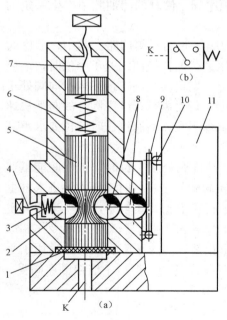

图 5-35　薄膜式压力继电器的工作
原理图和图形符号

（a）工作原理；（b）图形符号

1—薄膜；2、8—钢球；3、6—弹簧；

4、7—调节螺钉；5—柱塞；9—杠杆；

10—触销；11—微动开关

高压系统中常使用单柱塞压力继电器。图 5-36 所示为 DP-320 型单柱塞压力继电器，其结构与德国力士乐公司的 HED1 型产品相同。当系统压力达到压力继电器的调定压力时，作用于柱塞上的液压力克服弹簧力，顶杆上推，使微动开关的触点闭合，发出电信号。此外，柱塞式压力继电器还有双柱塞式的。

2. 压力继电器的应用

压力继电器发出电信号，可控制电磁铁、电磁离合器、继电器等元件动作，常用于实现保压—卸荷控制、执行元件顺序控制和系统的安全保护作用等。

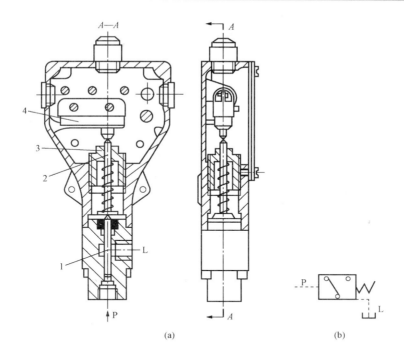

图 5-36 单柱塞压力继电器

（a）结构图；（b）图形符号

1—柱塞；2—顶杆；3—调节螺母；4—开关

（1）控制多个执行元件的动作顺序。图 5-37 所示为利用压力继电器控制的顺序动作回路。当按下启动按钮时，电磁铁 1YA 通电，A 缸活塞右移，实现动作①；当 A 缸活塞到达终点后，系统压力升高，压力继电器 1K 发出电信号，使 3YA 通电，B 缸活塞右移，实现动作②；按下返回按钮，1YA、3YA 断电，4YA 通电，实现动作③；B 缸活塞到达终点后，压力继电器 2K 发出电信号，使 2YA 通电，完成动作④。

可见，图 5-37 所示 A、B 两液压缸的顺序动作①→②→③→④，是由压力继电器保证的。压力继电器的调定压力值应高于前一动作的最大工作压力 0.5～0.8MPa。

（2）实现保压—卸荷。在图 5-38 中，3YA 断电，泵正常工作，此时 1YA 通电，活塞右移，当夹具接触工件时，压力开始升高，并向蓄能器储油；当压力达到夹紧力要求的调定值时，压力继电器发出电信号，使 3YA 通电，泵卸荷，单向阀自动关闭，液压缸由蓄能器保压补偿泄漏。当压力不足时，压力继电器复位使泵重新工作。保压时间的长短取决于蓄能器容量和系统的泄漏，保压范围可由压力继电器设定。这种回路用于夹紧工件

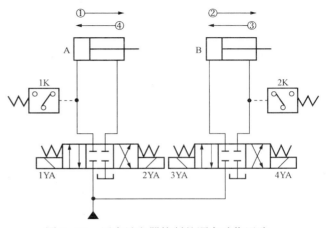

图 5-37 压力继电器控制的顺序动作回路

持续时间较长时，可以显著地减小功率损耗。

五、压力表保护阀

为防止系统压力超过压力表量程时对表造成损坏，常在低量程压力表与系统之间串接一压力表保护阀。

图 5-39 所示为压力表保护阀的结构原理图，为常开式的锥阀结构。当系统压力超过弹簧调定压力时，阀口关闭，从而自动切断通往压力表的油路。

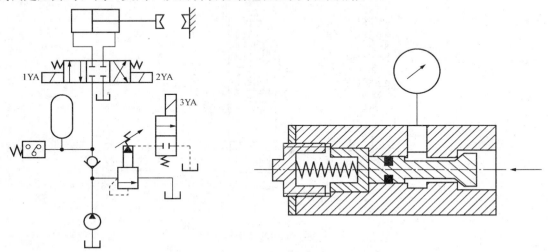

图 5-38　利用压力继电器
　　　　实现保压—卸荷

图 5-39　压力表保护阀

六、压力控制阀常见故障及排除方法

压力控制阀常见故障及排除方法见表 5-3。

表 5-3　　　　　　　　　　　压力控制阀常见故障及排除方法

压力阀类型	故障现象	产　生　原　因	排　除　方　法
直动式溢流阀	压力调不上去	1. 阀芯与阀座配合不良； 2. 弹簧长度不够，刚性太差	1. 修配； 2. 更换弹簧
先导式溢流阀	压力调不上去	1. 主阀芯与阀套配合不良； 2. 先导阀的锥阀与阀座封闭不良； 3. 调压弹簧长度不够，弯曲或刚性太差	1. 修配； 2. 修配或更换零件； 3. 更换弹簧
	调节无压力	1. 阻尼孔被堵，使主阀芯在开启位置卡死； 2. 主阀芯复位弹簧弯曲或折断； 3. 导阀调压弹簧损坏； 4. 远程控制口直接通油箱	1. 清洗阻尼孔或过滤、更换油液； 2. 更换弹簧； 3. 更换弹簧； 4. 在远程控制口加装螺堵，并加强密封
	压力突然上升	1. 主阀芯工作时，在关闭状态下突然卡死； 2. 先导阀阀芯打不开，调压弹簧弯曲卡死	1. 清洗元件，重新研配或检查油质； 2. 更换弹簧
	压力突然下降	1. 主阀芯工作时，在开启位置下突然卡死； 2. 阻尼孔突然被堵； 3. 调压弹簧突然折断	1. 清洗元件，重新研配或检查油质； 2. 清洗阻尼孔或过滤、更换油液； 3. 更换弹簧

压力阀类型	故障现象	产　生　原　因	排　除　方　法
减压阀	不起减压作用	1. 主阀芯在全开位置卡死； 2. 泄油口的螺堵未拧出； 3. 调压弹簧过硬或发生弯曲被卡住	1. 清洗元件，重新研配或检查油质； 2. 拧出螺堵，接上泄油管； 3. 更换弹簧
	泄漏严重	1. 滑阀磨损后与阀体孔的配合间隙过大； 2. 密封件老化或磨损； 3. 锥阀与锥阀座接触不良或磨损严重； 4. 各连接处螺钉松动或拧紧力不均匀	1. 重制滑阀； 2. 更换密封件； 3. 修配或更换零件； 4. 紧固螺钉
顺序阀	不起控制顺序作用	1. 滑阀被卡死； 2. 阀芯内阻尼孔被堵，系统建立不起压力； 3. 调压弹簧断裂、过硬或压力调得过高； 4. 泄油口管道中回油阻力过高，阀芯不能移动； 5. 控制油路堵塞	1. 清洗元件，重新研配或检查油质； 2. 清洗阻尼孔； 3. 更换弹簧； 4. 降低回油阻力； 5. 疏通油路

第四节　流量控制阀及应用

流量控制阀简称流量阀。在液压系统中，流量阀主要用来控制工作液体的流量，使执行元件获得不同的运动速度。常用的流量阀有普通节流阀、调速阀等。

一、节流口的流量特性及形式

1. 节流口的流量特性

所谓节流是指油液流经突然收缩的通流断面（如流经小孔、狭缝或细长管道等）时，会产生较大液阻的现象。流量阀中起节流作用的阀口称为节流口，是流量阀中的关键部位，其大小以通流面积来度量。通流面积越小，油液受到的液阻越大，通过节流口的流量就越小。任何一个流量阀都有节流部分，其节流程度大都可以调节。所以，流量阀在液压系统的作用就是一个可调液阻，即依靠改变节流口通流面积的大小，使液阻发生变化，从而改变通过阀口的流量，调节执行元件的运动速度。

节流口根据形成液阻的原理不同有三种基本形式：薄壁小孔节流 $\left(\dfrac{l}{d} \leqslant 0.5\right)$、细长孔节流 $\left(\dfrac{l}{d} > 4\right)$ 和介于两者之间的短孔节流 $\left(0.5 < \dfrac{l}{d} \leqslant 4\right)$，其中小孔的通道长度 l 与孔径 d 之比称为长径比。根据流体力学的理论和实验可知，无论节流口采用何种形式，通过节流口的流量均为

$$q = KA_T(\Delta p)^m \qquad (5-4)$$

式中　K——系数，由节流口的形式及油液的性质决定；

A_T——节流口通流面积；

Δp——节流口前后压力差；

m——指数，由节流口长径比决定，一般 $0.5 \leqslant m \leqslant 1$，对薄壁小孔 $m=0.5$，细长小孔 $m=1$，短孔 $0.5 < m < 1$。

式（5-4）中 q 和 Δp 的关系可用图 5-40 所示的三种节流口的流量特性曲线来表示。

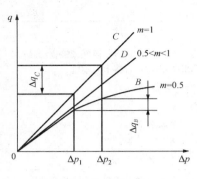

图 5-40　节流口特性曲线

显然，在 K、Δp、m 不变的情况下，改变节流口通流面积 A_T，即可改变通过节流口的流量 q。而当 A_T 调定后，q 还要受下列因素的影响。

（1）负载。负载变化将引起压力差 Δp 的变化，使通过节流口的流量发生变化。指数 m 越小，对流量的影响也越小，所以通过薄壁小孔的流量受到压差改变的影响最小，如图 5-40 中 $\Delta q_B < \Delta q_C$。

（2）温度。油温变化将引起油液黏度的变化，从而影响系数 K 和流量的值。但薄壁小孔的 K 值与黏度无关，故薄壁小孔的流量受温度变化的影响很小。

（3）节流口的堵塞。如果油液氧化后析出的胶质、沥青等杂质堵塞节流口，将改变原来节流口通流面积 A_T 的大小，致使流量发生变化，尤其当开口较小时这一影响更为突出，严重时甚至造成断流现象。

综上所述，在三种形式的节流口中，薄壁小孔最易保证流量稳定，是较为理想的节流口形式。

2. 节流口的结构形式

节流口的结构形式（几何形状）很多，图 5-41 所示为几种常用的节流口结构形式。

图 5-41（a）所示为针阀式节流口，轴向移动针阀阀芯即可改变环形节流口的通流面积。该节流口结构简单，制造容易，但易堵塞，流量不够稳定，一般用于对流量稳定性要求不高的场合。

图 5-41（b）所示为轴向三角槽式节流口，阀芯端部开有一个或两个由浅至深的三角槽，通过轴向移动阀芯改变通流面积大小。其结构简单，不易堵塞，流量稳定好，目前被广泛应用。

图 5-41（c）所示为周向缝隙式节流口，沿阀芯周向开有一条宽度不等的狭缝，转动阀芯可改变通流面积大小。

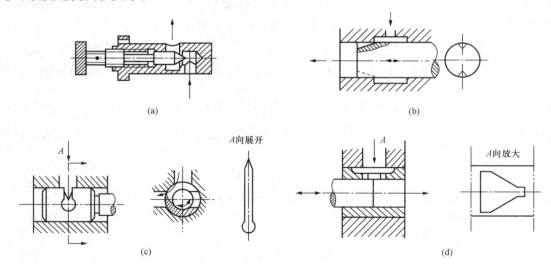

图 5-41　典型节流口的结构形式

(a) 针阀式；(b) 轴向三角槽式；(c) 周向缝隙式；(d) 轴向缝隙式

　　图 5-41（d）所示为轴向缝隙式节流口，沿轴向开槽，改变开口大小依靠轴向移动阀芯。

　　如图 5-41（c）、（d）所示两种节流口性能较好，不易堵塞，尤其小流量时工作仍很稳定，且受温度的影响也较小，故应用广泛。

二、节流阀

　　节流阀是最基本、最简单的流量阀。图 5-42 所示为一种可调普通节流阀的结构和图形符号。压力油从进油口 P_1 流入，经通道 b、阀芯 3 右端的轴向三角槽式节流口进入通道 a，再从出油口 P_2 流出。调节手柄 1，可通过推杆 2 使阀芯做轴向移动，从而实现流量调节。阀芯在弹簧 4 的作用下始终抵紧在推杆上。这种节流阀结构简单，制造容易，不易堵塞，进出油口可互换，但由于没有解决负载和温度变化对流量稳定性影响较大的问题，所以只适用于负载和温度变化不大或对执行元件速度稳定性要求较低的场合。

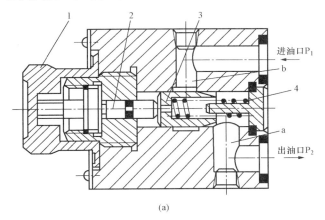

（a）　　　　　　　　　　　　　　　　　　　　　（b）

图 5-42　节流阀的结构和图形符号

（a）结构；（b）图形符号

1—手柄；2—推杆；3—阀芯；4—弹簧

三、调速阀

　　在实际中，总希望执行元件的速度用流量阀调节后能保持稳定不变，但流量不只取决于节流口的通流面积 A，还会受负载、温度等因素的影响。如果负载变化时能设法使节流阀前后压力差 Δp 保持不变，那么就可以使通过节流阀的流量不受负载变化的影响，为此产生了调速阀，用于对执行元件速度稳定性要求较高的场合。

　　1. 调速阀的工作原理

　　调速阀由定差式减压阀与节流阀串联而成。图 5-43 所示为调速阀的工作原理和图形符号。

　　压力为 p_1 的油液流经减压阀阀口 x 后压力降到 p_2，再经节流阀节流后压力为 p_3。进入节流阀前的压力为 p_2 的油液，经阀体上的通道分别引入 a 腔和 b 腔；而经过节流阀后压力为 p_3 的油液，被引入 c 腔。

　　当减压阀的阀芯在弹簧力 F_s、油液压力 p_2 和 p_3 作用下处于某一平衡位置时（忽略摩擦力、液动力等），则有

$$p_2 A_1 + p_2 A_2 = p_3 A + F_s \qquad\qquad (5-5)$$

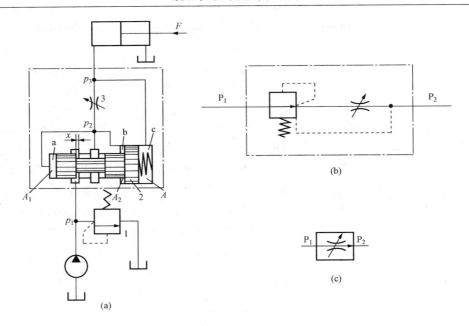

图 5-43　调速阀

(a) 工作原理图；(b) 图形符号；(c) 简化图形符号

1—溢流阀；2—减压阀阀芯；3—节流阀

式中　A_1、A_2、A——a 腔、b 腔和 c 腔内压力油作用于阀芯的有效面积，且 $A = A_1 + A_2$。

故节流阀口前后压力差为

$$\Delta p = p_2 - p_3 = \frac{F_s}{A} \tag{5-6}$$

因为弹簧刚度较低，且工作过程中减压阀阀芯位移很小，可以认为 F_s 基本保持不变。故节流阀两端压力差 Δp 也基本保持不变，这就保证了油液通过节流阀时流量的稳定性。

若调速阀出口处油压 p_3 因负载变化而增加，将迫使减压阀阀芯左移，阀口 x 增大，p_2 也随之增加，保持 Δp 不变；反之，若负载减小，p_3 减小，p_2 也随之减小，Δp 仍然保持不变。所以，不管负载如何变化，定差式减压阀都能自动保持节流阀前后压力差 Δp 不变，从而实现了调速阀中节流口通流面积一定时，通过调速阀的流量基本保持不变。

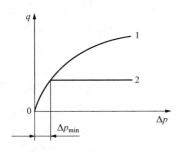

图 5-44　调速阀的流量特性曲线

1—节流阀；2—调速阀

图 5-44 所示为调速阀的流量特性曲线。从图 5-44 中可知，节流阀的流量 q 随压力差 Δp 变化较大，而调速阀在 Δp 大于一定数值后，流量基本上不变，但在 Δp 很小时，由于减压阀阀芯被弹簧推至最左端，减压阀阀口全开，不起减压作用，此时调速阀的流量特性与节流阀相同。所以在实际使用中，必须保证调速阀的最小压力差 Δp_{min} 为 0.5MPa，才能使调速阀正常工作。

2. 调速阀的结构

图 5-45 所示为我国联合设计的 Q 型调速阀的结构，其节流阀阀芯与减压阀阀芯轴

线呈空间垂直位置安装在阀体内。压力油 p_1 从进油口 P_1 进入环形通道 a，经减压压力降为 p_2 后流入环形槽 b，再经 c 到达节流阀阀芯 2 的三角槽节流口，进入油腔 d，再经 e 从出油口 P_2 流出（图中虚线所示）。节流阀前的压力油经四个小孔 h 进入减压阀阀芯 3 大台肩的右腔，并经阀芯 3 的中心孔 j 流入阀芯小端右腔。节流后的压力油 p_3 经孔 e、f 和 g 到阀芯 3 大端左腔。转动调速手柄 1 可使节流阀阀芯 2 轴向移动，调节所需流量。

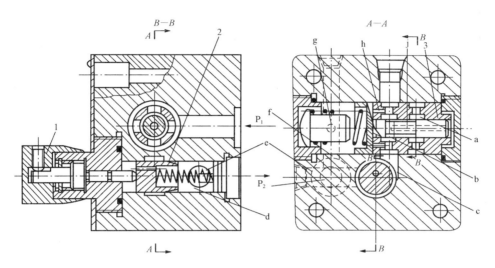

图 5-45　Q 型调速阀的结构

1—调速手柄；2—节流阀阀芯；3—减压阀阀芯

3. 温度补偿调速阀

为了减小温度对流量的影响，进一步提高执行元件速度稳定性，可以采用温度补偿调速阀。

温度补偿调速阀与普通调速阀相比，主要区别在于将一个热膨胀系数较大的聚氯乙烯塑料推杆，放置在节流阀阀芯和调节螺钉之间。图 5-46（a）所示为温度补偿原理图，当油温升高时，油液变稀流量本会增加，但由于推杆受热伸长使节流口变小，从而补偿了油温对流量的影响。图 5-46（b）所示为其图形符号。

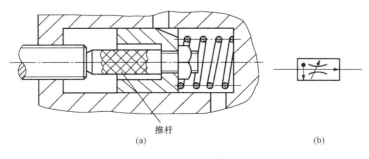

推杆

(a)　　　　　　　　　　　　　　(b)

图 5-46　温度补偿调速阀

(a) 原理图；(b) 图形符号

四、流量控制阀的应用

1. 实现节流调速

流量阀常用于采用定量泵供油的液压系统中，与溢流阀配合组成节流调速回路。根据流量阀在油路中安放位置的不同，可分为进油路节流调速回路、回油路节流调速回路和旁油路节流调速回路三种基本形式。

（1）进油路节流调速回路。进油路节流调速回路中将流量阀（该处为节流阀）装在执行元件的进油路上，如图 5-47 所示。定量泵的供油压力由溢流阀 2 调节，进入液压缸的油液流量由节流阀 1 调节，多余的油液由溢流阀溢流回油箱。这样，调节节流阀便可方便地调节活塞的运动速度。

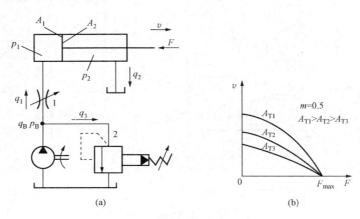

图 5-47　进油路节流调速回路

（a）进油路节流调速回路；（b）速度—负载特性曲线

1—节流阀；2—溢流阀

1）速度—负载特性曲线。由式（5-4）经计算推导可得进油路节流调速回路的速度—负载特性方程

$$v = \frac{q_1}{A_1} = \frac{KA_T}{A_1}\left(p_B - \frac{F}{A_1}\right)^m \tag{5-7}$$

式中　　v——活塞的运动速度；

　　　q_1——进入液压缸的油液流量；

　　　A_1——液压缸无杆腔的有效作用面积；

　　　A_T——节流阀的通流面积；

　　　p_B——液压泵的供油压力；

　　　F——液压缸的负载。

式（5-7）反映了速度 v 与负载 F 之间的关系。若以 v 为纵坐标，F 为横坐标，可按不同的通流面积 A_T 由式（5-7）绘出其速度—负载特性曲线，如图 5-47（b）所示。速度随负载变化的程度称为速度刚性，表现在速度—负载特性曲线的斜率上。曲线上某点处的斜率越小，曲线越平缓，速度刚性就越好，说明回路在该处速度受负载变化的影响就越小，即速度稳定性好。

由进油路节流调速回路的速度—负载特性方程和速度—负载特性曲线可得出以下结论：

当 A_T 一定时，活塞运动速度 v 会随负载 F 的增加而逐渐降低，所以该回路速度刚性较差，速度稳定性不好，且负载越大速度刚性越差。

在负载一定时，v 与 A_T 成正比，通流面积 A_T 调得越小，活塞运动速度 v 越慢，速度刚性越好，所以调节 A_T 可实现无级调速，且调速范围较大，速比 $u=\dfrac{u_{max}}{u_{min}}$ 可达到 100。

曲线 A_{T1}、A_{T2}、A_{T3} 交于负载轴上一点，说明节流阀通流面积 A_T 不同时，液压缸能承受的最大负载（即最大承载能力）F_{max} 相同，$F_{max}=p_BA_1$。因而，称为恒推力调速，若执行元件为液压马达则称为恒转矩调速。

2）功率损失。由于系统工作时定量泵输出的流量 q_B 和压力 p_B 经调定后均不变，即泵的输出功率为定值，所以当液压缸在低速轻载下工作时，泵的输出功率很大一部分白白消耗在溢流阀和节流阀上，存在较大的溢流功率损失 $\Delta P_y=p_Bq_3$ 和节流功率损失 $\Delta P_j=\Delta pq_1$（Δp 为节流阀前后压差），系统效率很低。损失的功率会使系统油温升高，导致泄漏增加。

由以上分析可知，进油路节流调速回路多用于轻载、低速、负载变动小或对速度稳定性要求不高的小功率液压系统中。例如，车床、镗床、磨床和辅助液压装置等。

（2）回油路节流调速回路。回油路节流调速回路中将流量阀装在执行元件的回油路上，如图 5-48 所示。进入液压缸的流量 q_1 受液压缸输出流量 q_2 的限制，因此，利用节流阀 1 调节输出流量 q_2，便可调节进油量 q_1，实现活塞运动速度的调节。定量泵多余的油液仍由溢流阀 2 溢流回油箱，使泵出口的压力稳定在调定值不变。

经过分析推导可知，回油路节流调速回路的速度—负载特性曲线与进油路节流调速回路的基本相同，故二者的基本特点相似，但也存在以下不同之处：

1）运动平稳性较好。因为回油路上装有节流阀而产生较大的背压，所以在外界负载变化时可起缓冲作用，使回油路节流调速回路能够承受一定的负值负载（负载方向与液压作用力方向相同的负载），执行元件运动比较平稳。

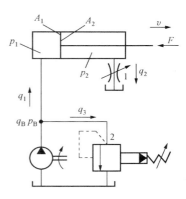

图 5-48　回油路节流调速回路
1—节流阀；2—溢流阀

2）停车后的启动性能较差。回油路节流调速回路在重新启动时，泵输出的流量会全部进入液压缸，从而造成活塞"前冲"现象。而在进油节流调速回路中，由于进入液压缸的流量总是受到节流阀的限制，所以避免了活塞"前冲"现象。

在实际应用中，为综合两种回路的性能优点，往往采用进油路节流调速回路，并在其回油路上加装一个压力为 $0.2\sim0.6$MPa 的背压阀，以提高执行元件运动的平稳性。

（3）旁油路节流调速回路。旁油路节流调速回路将流量阀安装在与液压缸并联的旁油路上，如图 5-49（a）所示。

定量泵输出的流量 q_B 一部分进入液压缸，一部分通过节流阀 1 流回油箱。溢流阀 2 在这里起安全阀作用，其调整压力一般为缸最大工作压力的 $1.1\sim1.3$ 倍。在该回路中，泵的出口压力 p_B 等于缸的进油压力 p_1，将随负载的变化而变化。

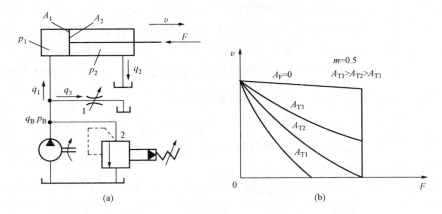

图 5 - 49　旁油路节流调速回路
(a) 回路图；(b) 速度—负载特性曲线

1）速度—负载特性曲线。图 5 - 49（b）所示为旁油路节流调速回路的速度—负载特性曲线，分析该曲线可得以下结论：

当 A_T 一定时，活塞运动速度 v 也会随负载 F 的增加而降低。不过与进、回油路节流调速回路相比，该回路速度刚性更差，且负载越小速度刚性越差。

在负载一定时，v 与 A_T 成反比，通流面积 A_T 调得越大，活塞运动速度 v 越慢，速度刚性越差，与进、回油节流调速回路相反。

随着节流阀通流面积 A_T 的增大，液压缸的最大承载能力将显著减小。当 A_T 增大到一定值时，泵输出的流量 q_B 全部通过节流阀流回油箱，活塞停止运动。因此，该回路低速时承载能力低，调速范围小。

2）功率损失。因为只有节流功率损失 $\Delta P_j = p_B q_3$，没有溢流功率损失，所以该回路发热较少，效率较高。

由以上分析可知，旁油路节流调速回路仅用于重载、高速、负载变动小或对速度稳定性要求不高的中等功率液压系统中，如牛头刨床的主传动系统等。

前面介绍的三种节流调速回路中的流量阀均采用的是节流阀，其速度稳定性随负载的变化而变化。对于一些负载变化较大，对速度稳定性要求较高的液压系统，可改用调速阀来提高其速度—负载特性，常用于机床液压系统中。但因调速阀中包含了减压阀和节流阀的功率损失，故其功率损失比采用节流阀的相应节流调速回路大。

值得注意的是，目前越来越多地采用比例流量阀取代节流阀，这样可以用电信号实现无级调速。

2. 作为背压阀

如回油路节流调速回路中的流量阀。

五、流量控制阀的常见故障及排除方法

流量控制阀常见故障及排除方法见表 5 - 4。

表5-4　　　　　　　　　**流量控制阀常见故障及排除方法**

故障现象	产生故障的可能原因	排除方法
执行元件运动速度不稳定（流量不稳定）	1. 油液不清洁，节流口处积有污物，造成时堵时通； 2. 节流阀内外泄漏大； 3. 油温过高，使速度逐渐加快； 4. 负载变化使速度突变； 5. 液压系统内进入空气； 6. 弹簧弯曲变形	1. 清洗元件，过滤或更换油液； 2. 检查零件精度和配合间隙、更换清洁油； 3. 采用温度补偿调速阀或采取措施降温； 4. 改用调速阀； 5. 排除系统内空气； 6. 更换弹簧
流量调节失灵	1. 油液太脏，节流口被阻或堵塞； 2. 节流阀阀芯与阀体孔的配合间隙过大，泄漏严重； 3. 节流阀阀芯与阀体孔的配合间隙过小或锈蚀，不能转动； 4. 减压阀阀芯与阀体孔精度差或配合间隙过小，使阀芯在关闭位置上卡死； 5. 减压阀弹簧弯曲变形使阀芯卡死	1. 清洗元件，过滤或更换油液； 2. 修复或更换磨损元件； 3. 除锈，研磨； 4. 重新研配； 5. 更换弹簧

第五节　新型液压元件的应用

随着科学技术的进步，一些新型液压元件不断涌现，如比例阀、插装阀、叠加阀等，都是近几十年来才出现并得到发展的液压控制阀。与普通液压控制阀相比，它们具有许多显著的优点，现已广泛应用于各类现代液压设备中。

一、比例阀及应用

前面所介绍的各种普通液压阀，只能对液流的压力、流量进行定值控制，或对液流的方向进行开关式的控制，仅能满足一般液压设备的性能要求。而一些自动化程度高的设备，往往要求对其工作油液的压力、流量和方向进行连续控制，或要求控制精度较高，为满足这一要求，先后出现了电液伺服阀和电液比例控制阀（简称比例阀），后者与普通液压阀可以互换，所以应用相当广泛。

比例阀控制系统基本工作原理如图5-50所示。连续变化的电信号输入后，经比例放大器处理，作用于比例电磁铁；再由比例电磁铁输出与其感应线圈电流成比例的牵引力；该力作用于阀芯，控制阀芯的运动，从而使输出的液压量与输入的电流对应成正比地发生变化。

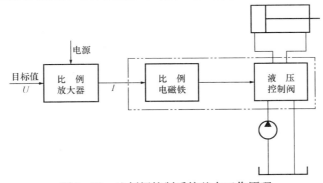

图5-50　比例阀控制系统基本工作原理

　　比例阀用比例电磁铁取代了普通液压阀的手调机构或通断型普通电磁铁，能方便地实现连续的电气遥控和对液压量进行连续控制，并能简化液压系统。

　　比例阀也分为比例压力阀、比例流量阀和比例方向阀三大类。目前，许多比例阀具有复合控制功能，可以一阀多用，大大地减少了液压元件的数量。例如，20世纪90年代初，德国博世公司研制了一种新型比例阀产品——伺服比例阀，可以同时控制液流的压力、流量和方向，且控制精度很高。

1. 比例压力阀

　　用比例电磁铁代替直动式溢流阀的手动调压手柄，便成为直动式比例溢流阀，如图5-51所示。比例电磁铁2通过弹簧座3对调压弹簧4施加预紧力。调压弹簧的压缩量，即阀的压力调定值取决于输入电流的大小，并受到位移传感器1的反馈控制。若输入电流连续地、按比例地或按一定程序变化，则比例溢流阀所调节的系统压力也随之按同样的规律变化。将直动式比例溢流阀作先导阀与普通压力阀的主阀相组合，便可得到先导式比例溢流阀和先导式比例减压阀等电液比例压力阀。

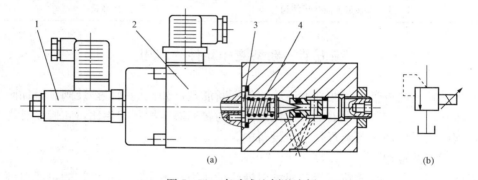

图5-51　直动式比例溢流阀

（a）工作原理图；（b）图形符号

1—位移传感器；2—比例电磁铁；3—弹簧座；4—调压弹簧

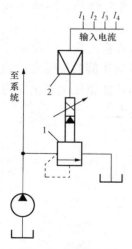

图5-52　利用比例
溢流阀的多级调压回路

1—比例溢流阀；2—电子放大器

　　图5-52所示为利用比例溢流阀的多级调压回路。改变输入电流 I，即可控制系统的工作压力。采用比例溢流阀，可以替代普通多级调压回路中的若干个压力阀，不但能够得到普通调压回路的几种压力，而且可以得到连续的一系列压力。

2. 比例流量阀

　　用比例电磁铁代替流量阀的调节手柄，便成为比例节流阀或比例调速阀，实现用电信号控制阀口开度，从而控制油液流量，使其与压力和温度的变化无关。主要用于多工位加工机床、注塑机、抛砂机等设备的液压系统中，实现连续变速与多速控制。

　　图5-53所示为转塔车床回转刀架的进给系统，图5-53（a）采用的是普通调速阀，仅能实现工序间的有级调速。而图5-53（b）为改用比例调速阀的调速回路，只要输入对应于各种速度的讯号电流即可。采用比例调速阀后，不但回路简单，更能使装在

转塔刀架上的每一把刀都得到理想的进给速度。

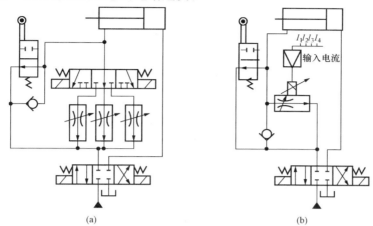

图 5-53　转塔车床回转刀架进给系统

（a）采用普通调速阀调速；（b）采用比例调速阀调速

3. 比例方向阀

用比例电磁铁 1 代替电磁换向阀中的普通电磁铁，便成为直动式比例换向阀，如图 5-54 所示。阀芯 4 上的轴肩上开有三角形节流槽，其阀芯的行程与输入电流对应连续地或按比例地变化，故连通油口间的通流面积也随之连续或按比例地变化。

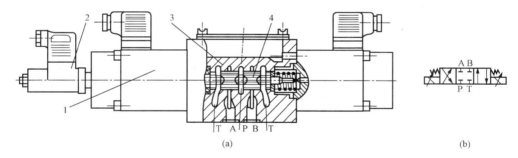

图 5-54　直动式比例换向阀

（a）工作原理图；（b）图形符号

1—比例电磁铁；2—位移传感器；3—阀体；4—阀芯

改变比例电磁铁的通、断电状态，可以改变执行元件的运动方向；调节比例电磁铁 1 的输入电流大小，又可以使液流流量得到精确的变化。因此，比例换向阀是同时兼有方向控制和流量控制两种功能的复合控制阀。

二、插装阀及应用

插装阀因其主要元件均采用插入式连接方式，故名插装阀。又由于此阀具有通断两种状态，可进行逻辑运算，所以过去又称其为逻辑阀。插装阀具有结构简单，标准化、通用化程度高，通流能力大，密封性好，动作快等一系列优点，在高压大流量系统中得到了广泛的应用。

1. 基本结构和工作原理

插装阀的基本结构和图形符号如图 5-55 所示。它主要由锥阀组件、控制盖板 1 和集成块体 5 三部分组成。其中，锥阀组件包括阀套 2、弹簧 3、阀芯 4 等，用来控制主油路的通断。将锥阀组件配以不同的控制盖板，就能实现不同的功能。若干个不同功能的锥阀组件均插装在同一个集成块体中，便成为能实现所需功能的液压阀。控制盖板 1 上设有控制油路，必要时与先导阀相接。

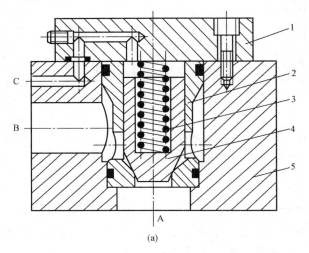 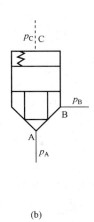

(a)　　　　　　　　　　　　　　　　(b)

图 5-55　插装阀

(a) 结构图；(b) 图形符号

1—控制盖板；2—阀套；3—弹簧；4—阀芯；5—集成块体

图 5-55 中，A、B 为主油路接口，C 为控制油口。如果忽略锥阀的质量、摩擦力、液动力等因素的影响，则作用在阀芯上的力平衡关系为

$$p_A A_A + p_B A_B = p_C A_C + F_s \qquad (5-8)$$

式中　p_A、p_B、p_C——油口 A、B、C 的压力；

$\quad A_A$、A_B、A_C——锥阀上压力 p_A、p_B、p_C 作用的轴向投影面积，$A_A + A_B = A_C$；

$\quad F_s$——作用在锥阀上的弹簧。

（1）当 $p_A A_A + p_B A_B < p_C A_C + F_s$ 时，锥阀关闭，A、B 油口不通。

（2）当 $p_A A_A + p_B A_B > p_C A_C + F_s$ 时，锥阀打开，A、B 油口相通。

（3）而 $p_A A_A + p_B A_B = p_C A_C + F_s$ 时，锥阀处于平衡状态。

这说明 p_A、p_B 一定时，A、B 油口的断通，可以由 p_C 来控制。只要采取适当的方式控制控制油口 C 的油压 p_C，就可以控制主油路中 A 口和 B 口油液流动的方向和压力；如果控制阀芯开启的高度，就可以控制油液流动的流量。所以，插装阀通过不同的控制盖板和各种先导阀组合，便可用作方向控制阀、压力控制阀和流量控制阀。

下面介绍插装阀的一些主要功能，为帮助理解，把具有同样功能的普通液压阀图形符号对应画在各插装阀图形符号之下。

2. 插装阀用作方向阀

（1）作为单向阀和液控单向阀。将插装阀的 A 或 B 油口与控制油口 C 直接连通时，即成为大流量插装式单向阀，如图 5 - 56 所示。

在控制盖板上接一个先导二位三通液动换向阀，控制锥阀上腔的通油状态，即成为插装式液控单向阀。如图 5 - 57 所示，当先导阀控制油口 K 无压力油通入时（图示位置），为单向阀功能；当先导阀 K 口有压力油通入时，插装阀 C 口通油箱，可使 B 口反向与 A 口导通。

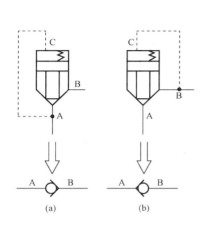

图 5 - 56　插装式单向阀

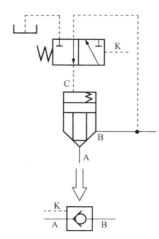

图 5 - 57　插装式液控单向阀

（2）作为二位二通换向阀。用小规格先导二位三通电磁换向阀来改变锥阀上腔的通油状态，就成为一个能通过高压大流量的插装式二位二通换向阀，如图 5 - 58（a）所示。

如果在控制油路中加一个梭阀（相当于两个单向阀反向串联），如图 5 - 58（b）所示，当电磁铁断电时，由于 A、B 油口分别与控制油口 C 连通，所以在弹簧力的作用下，插装阀可靠地关闭。

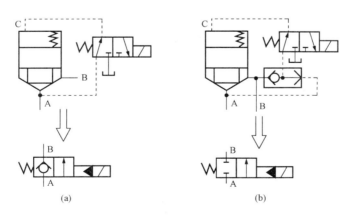

图 5 - 58　插装式二位二通换向阀

（3）作为二位四通换向阀。用小规格先导二位四通电磁换向阀控制四个插装阀的启闭，就成为一个能通过高压大流量的插装式二位四通换向阀。如图 5 - 59 所示，当电磁铁断电时，插装阀 1、3 因锥阀上腔通油箱而开启，插装阀 2、4 因锥阀上腔通入压力油而关闭。因此，主油路中压力油由 P 经阀 3 进入 B，回油由 A 经阀 1 回油箱 T。当电磁铁通电时，则 P

通 A，B 通 T。

（4）作为三位四通换向阀。如果将图 5-59 中二位四通电磁换向阀换成三位四通电磁换向阀，就成为一个插装式三位四通换向阀。如图 5-60 所示，当三位四通电磁换向阀处于中位时，四个插装阀的锥阀上腔均通入压力油，故都处于关闭状态，所以主换向阀的滑阀机能为 O 型。

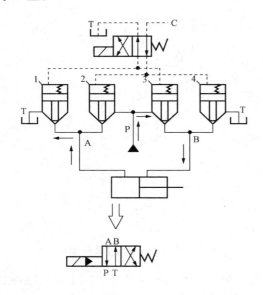

图 5-59　插装式二位四通换向阀

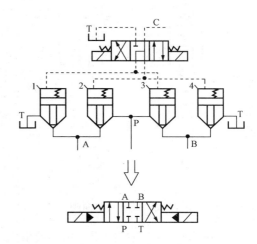

图 5-60　插装式三位四通换向阀

由图 5-60 知，改变电磁换向阀的滑阀机能，即可改变插装式换向阀的滑阀机能。而如果改变先导电磁换向阀的个数，则可使插装式换向阀的工作位置数得到改变。如图 5-61 所示，用两个二位三通电磁换向阀作先导阀，就可以使插装式换向阀获得四个工作位置。因此，采用插装阀换向时，可供选择的范围更广、更灵活。

3. 插装阀用作压力阀

用直动式溢流阀作先导阀来控制插装式主阀，在不同的油路连接下便构成不同

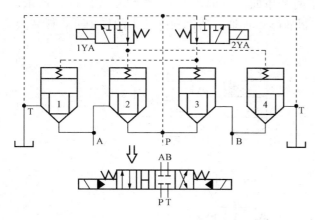

图 5-61　插装式四位四通换向阀

的插装式压力阀。

如图 5-62（a）所示，A 腔压力油经阻尼小孔 a 与 C 相连，并同时与先导阀 2 进口相通，先导阀 2 的出油口和 B 口均接油箱，便成为插装式溢流阀。如图 5-62（b）所示，B 口接压力油路，先导阀的出油口单独接油箱，便成为插装式顺序阀。其控制压力由先导阀 2 调节。如图 5-62（c）所示，插装阀芯是常开的滑阀式结构，B 口为进油口，出油口 A 口接后续压力油路，先导阀的出油口单独接油箱，便成为插装式减压阀。上述插装式压力阀的工作

原理与相应的先导式压力阀工作原理完全相同。

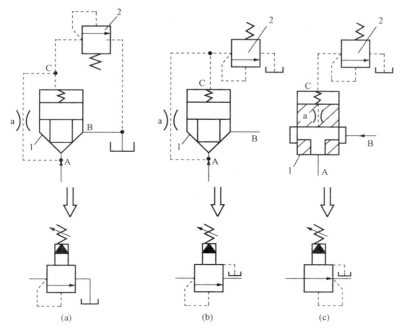

图 5-62　插装式压力阀

（a）插装式溢流阀；（b）插装式顺序阀；（c）插装式减压阀

1—插装锥阀；2—先导阀

注意，作压力阀的插装组件，须在控制油路上或主阀芯中设一阻尼孔 a，以适应压力阀控制原理的需要，而插装式方向阀中则没有阻尼孔。

4. 插装阀用作流量阀

在控制盖板上增加阀芯行程调节器（调节螺杆），用以调节阀芯行程的大小，即构成插装式节流阀，图 5-63 所示为其图形符号。当控制腔 C 通入压力油时，节流阀关闭，所以这种节流阀兼有方向阀的作用。若在插装式节流阀前串联一个定差式减压阀，则可构成插装式调速阀。

在实际应用中，可以将比例阀和插装阀结合起来，组成各种插装比例阀，便可对高压大流量系统实行多级控制和连续控制。

5. 采用插装阀控制的液压系统

图 5-64 所示为一个采用插装阀控制的液压系统。当电磁铁 1YA 通电时，锥阀 C、E 因上腔通入压力油而被关闭，锥阀 D、F 因上腔通油箱而

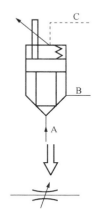

图 5-63　插装式节流阀

打开，主油路压力油经阀 D 进入液压缸左腔，经阀 F 回油箱，此时活塞快速向右运动，完成动作①。当 2YA 通电时，锥阀 D、F 关闭，锥阀 C、E 打开，主油路压力油经阀 E 节流后进入液压缸右腔，经阀 C 回油箱，此时活塞慢速向左运动，完成动作②。当 1YA、2YA 均断电时，四个锥阀全部关闭，活塞静止不动。

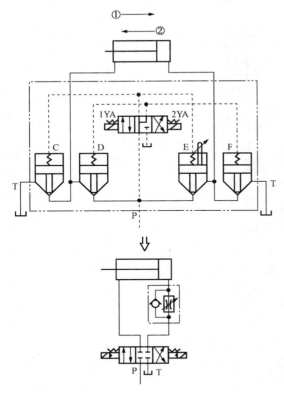

图 5-64　采用插装阀控制的液压系统

三、叠加阀及应用

　　叠加式液压阀简称叠加阀。它是在板式阀集成化基础上发展起来的，其实现各类控制功能的原理与普通阀相同。每个叠加阀不仅具有控制功能，还兼有油液通道的作用。

　　叠加阀的每个阀体均制成标准尺寸的长方体，并制有上、下两个安装平面及 4、5 个公共油液通道，每个叠加阀的进出油口均与公共油道相接。使用时把若干个叠加阀按一定次序叠合在普通板式换向阀和底板块之间，然后用长螺栓连接在一起，组成一组叠加阀。再通过一个公共的底板块将各组叠加阀横向连接起来，便组成了一个完整的液压系统。通常每组叠加阀控制一个执行元件。一个液压系统有几个执行元件，就有几组叠加阀。图 5-65 所示为叠加阀液压系统的外观图。图 5-66 所示为某叠加阀液压系统的回路图，其中，P、T、A、B 为公共油液通道。

　　与普通阀一样，叠加阀也分为方向阀、压力阀和流量阀三大类，只是方向阀中仅有单向阀类，而换向阀可直接使用同规格的普通板式换向阀。

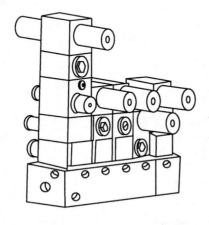

图 5-65　叠加阀液压系统的外观图

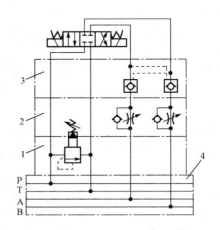

图 5-66　叠加阀液压系统的回路图
1—溢流阀；2—单向节流阀；
3—双液控单向阀；4—底板块

　　我国叠加阀主要由大连组合机床研究所研发，现具有 φ6、φ10、φ16、φ20 及 φ32 五个通径系列，其连接尺寸符合 ISO 4401 或 GB 2514，品种齐全，可以组成任何一种常规液压回路,与国外产品有较强的通用性和互换性。

叠加阀液压系统从根本上消除了阀与阀之间的连接管路,使得结构非常简单紧凑,且配置方便灵活,工作可靠,在各种液压设备中应用范围很广,特别是在机床及自动线的控制中,其合理性和多样化为数控机床液压回路的配置带来了更大的灵活性。

本 章 小 结

(1)液压控制阀是液压系统的重要组成部分,属于控制元件,用来控制系统中油液的流动方向或调节其压力和流量,简称液压阀。根据用途,液压阀可分为方向控制阀、压力控制阀和流量控制阀三大类。应熟练掌握各种阀的工作原理、主要功用、应用特点和图形符号,熟悉其典型结构,了解液压系统中各类阀的常见故障及排除方法。

(2)虽然液压阀的品种和规格繁多,但它们有着一些基本的共同之处:在结构上,均由阀芯、阀体和驱动阀芯动作的元器件所组成;在工作原理上,均通过改变阀芯与阀体的相对位置来实现控制和调节等。

(3)由于本章介绍的液压阀种类较多,为便于掌握,将各类液压阀的主要应用列表总结如下(见表 5-5)。

表 5-5 **液 压 控 制 阀 的 应 用**

分 类		图形符号示例	应 用
方向控制阀	换向阀	三位四通电磁换向阀	* 1. 控制油液的流动方向,接通或关闭油路,从而使执行元件启动、停止或换向; 2. 用行程阀作先导阀实现连续往复运动; 3. 用电磁阀实现完整工作循环; 4. 多路换向阀(有并联式、串联式、顺序式和复合式四种组合方式)
	单向阀	普通单向阀	* 1. 作为单向阀:正向流通,反向截止; 2. 作为背压阀; 3. 与其他控制元件组成具有单向功能的组合元件
		液控单向阀	* 使油液可以双向流动,常用于锁紧等回路
压力控制阀	溢流阀	直动式溢流阀	* 1. 实现溢流稳压; 2. 作为安全阀; 3. 作为背压阀; 4. 实现远程调压; 5. 作为卸荷阀; 6. 实现多级调压
	减压阀	直动式减压阀	* 1. 减压稳压; 2. 实现远程调压或多级调压

续表

分　类		图形符号示例	应　用
压力控制阀	顺序阀	直动式顺序阀	*1. 控制多个执行元件的动作顺序； 2. 作为卸荷阀； 3. 作为平衡阀； 4. 作为背压阀
	压力继电器		*1. 将油液的压力信号转换成电信号，自动接通或断开有关电路； 2. 控制多个执行元件的动作顺序； 3. 实现保压—卸荷
流量控制阀	节流阀		*1. 依靠改变节流口通流面积的大小，从而改变通过阀口的流量，实现节流调速； 2. 作为背压阀
	调速阀		*1. 实现节流调速，且流量不受负载变化的影响； 2. 作为背压阀

　*　各类液压阀的基本功能。

　　（4）比例阀是介于普通液压阀和电液伺服阀之间的一种液压阀，它可以使液压系统中压力、流量等参数与输入的电气控制信号成比例地变化。比例阀既比普通液压阀的控制水平高，又比电液伺服阀结构简单、价格便宜、抗污染能力强，能满足多种使用场合的要求，但比起电液伺服阀其性能有所降低。

　　插装阀是具有控制功能的元件装成组件插入集成块体而构成的阀。叠加阀是由几种阀相互叠加起来靠螺栓紧固为一体而组成回路的阀。插装阀和叠加阀都实现了集成化，安装时阀与阀之间无需配管，避免了管路、接头、法兰等所带来的阻力、泄漏、污染、噪声、振动等一系列使用与维修问题，并使液压系统大为紧凑和简化。

　　比例阀、插装阀、叠加阀等新型液压元件的应用日益增多，通过学习，应熟悉它们的工作原理、应用特点和图形符号。

复 习 思 考 题

　　5-1　滑阀式换向阀按操纵方式可分为哪些类型？各有何应用特点？画出其操纵方式的图形符号。

　　5-2　电液换向阀是如何调节换向时间的？试述电液换向阀的工作原理，并画出其图形符号。

　　5-3　在弹簧对中型三位四通电液换向阀中，其先导阀的滑阀机能应为哪种形式？为什么？

　　5-4　如图5-67所示的三位四通电磁换向阀2采用是哪种形式的滑阀机能？试分析当阀2处于中间位置时，进给缸 A 和夹紧缸 B 的工作状态。若换用 Y 型滑阀机能呢？

　　5-5　液压系统中溢流阀的进、出油口接反后，会发生什么故障？

　　5-6　直动式溢流阀的阻尼孔被堵塞后，会出现什么现象？先导式溢流阀主阀芯上的阻

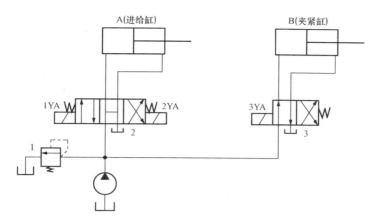

图 5-67 题 5-4 图

尼孔被堵塞后，又会出现什么现象？

5-7 列表对压力控制阀进行总结（见表 5-6）。

表 5-6 题 5-7 表

项　目 ＼ 阀类型	溢 流 阀	减 压 阀	顺 序 阀
控制油液来自			
出油口情况			
不工作时的状态			
泄油形式			
在系统中的连接方式			
图形符号			

5-8 如果压力控制阀的铭牌已辨别不清，能否不拆卸就判别溢流阀和减压阀？

5-9 节流阀的开口调定后，其通过的流量是否稳定？为什么？

5-10 调速阀在液压系统负载发生变化时，如何实现通过的流量基本不变？

5-11 在液压系统中，可以作为背压阀的有哪些液压控制阀？

5-12 与普通液压控制阀相比较，比例式液压阀、插装式液压阀和叠加式液压阀各有何突出优点？

习　　题

5-1 在图 5-68 所示回路中，若溢流阀 A、B 的调整压力分别为 $p_A = 5\mathrm{MPa}$，$p_B =$

3MPa，泵出口主油路处的阻力为无限大。试问在不计管路损失和调压偏差时，电磁铁通电或断电时泵的工作压力各为多少。

5-2 图5-69所示为一个利用溢流阀实现多级调压的回路，先导式溢流阀1调定的开启压力值为8MPa，溢流阀2、3、4的开启压力值分别为2MPa、5MPa和6MPa。如果当阀1主阀芯上下腔的压力差达到0.05MPa时，就可使阀口打开至额定溢流量。试分析在系统负载趋近于无穷大时，该系统泵出口处的压力情况。

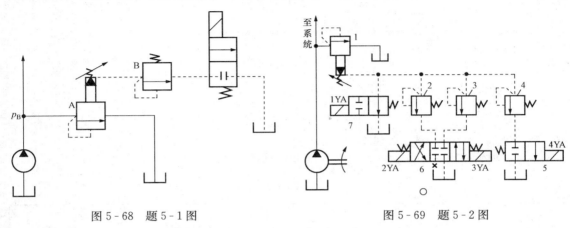

图5-68 题5-1图　　　　　　　　　　图5-69 题5-2图

5-3 试搭接两个利用溢流阀实现四级调压的液压系统回路，并画出其液压系统回路图。

5-4 如图5-70所示的液压系统中，A、B、C三个溢流阀的调整压力分别为 $p_A=3MPa$，$p_B=2MPa$，$p_C=4MPa$。当外负载趋近于无穷大时，该系统的压力是多少？

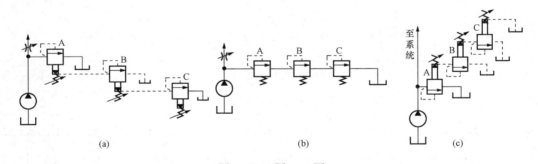

(a)　　　　　　　　　　(b)　　　　　　　　　　(c)

图5-70 题5-4图

5-5 在图5-71所示的液压系统中，两液压缸的有效作用面积 $A_1=A_2=100\times10^{-4}m^2$，缸Ⅰ的负载 $F_1=3.5\times10^4N$，缸Ⅱ运动时负载为零，溢流阀、减压阀和顺序阀的调整压力分别为4.0MPa、2.0MPa和3.0MPa。若计算时不考虑摩擦阻力、惯性力和管路损失，求下列三种情况下A、B、C三点的压力：

（1）液压泵启动后，两换向阀处于中位。

（2）电磁铁1YA通电、2YA断电，缸Ⅰ的活塞移动时及活塞运动到终点时。

（3）电磁铁1YA断电、2YA通电，缸Ⅱ的活塞运动时及活塞杆碰到固定挡铁时。

5-6 试分析图5-72所示两回路中的节流阀能否改变液压缸的运动速度。

5-7 试分析如图 5-73 所示的插装阀单元的工作原理，并画出具有对应功能的普通液压控制阀的图形符号。

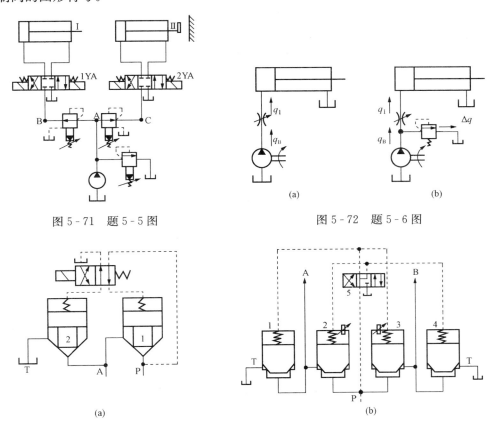

图 5-71 题 5-5 图   图 5-72 题 5-6 图

图 5-73 题 5-7 图

第六章　液 压 基 本 回 路

任何液压系统，都是由一些常用基本回路组成的。这些基本回路具有不同的功用。只有熟悉它们，掌握其工作原理、组成及特点，才能准确分析、正确使用和维护各种液压系统。

按照所能实现的主要功能不同，常用的液压基本回路可分为方向控制回路、速度控制回路、压力控制回路、多缸动作回路等基本形式。方向控制回路用来控制执行元件的启动、停止及改变运动方向，主要包括换向回路和锁紧回路，在第五章第二节方向控制阀及应用中已作详细介绍，这里不再赘述。本章主要介绍其他三种基本形式的液压回路。

第一节　速 度 控 制 回 路

在液压系统中，用来控制调节执行元件运动速度的回路，称为速度控制回路。常用的速度控制回路有调速回路、快速运动回路、速度转换回路等。

一、调速回路

通过前面的学习可知，液压缸的运动速度 $v=q/A$，液压马达的转速 $n_M=q/V_M$。

可见，要改变执行元件的运动速度，可以通过改变进入执行元件的油液流量 q 来实现，也可以通过改变液压缸有效作用面积 A 或改变液压马达的排量 V_M 来实现。

改变进入执行元件的油液流量 q 有两种方法：一是直接用变量泵来实现；二是在定量泵供油系统中，利用调节流量阀的通流面积来实现，这种方法即第五章中所介绍的节流调速回路。节流调速回路虽然具有结构简单、成本低、使用维护方便等优点，但由于效率低，且采用节流阀时执行元件的速度稳定性差，而改用调速阀时又会使系统效率更低（当负载变化时最大效率仅为 0.385），所以仅适用于小功率液压系统。在功率较大的场合可采用容积调速回路或容积节流调速回路。

容积调速回路是通过改变回路中液压泵或液压马达的排量来实现调速的。容积节流调速回路则是将节流调速回路和容积调速回路结合起来，采用变量泵和流量阀相配合实现调速。

1. 容积调速回路

容积调速回路按油路循环方式不同分为分开式回路和闭式回路两种。在开式回路中，泵从油箱吸油，执行元件的回油直接回到油箱，便于油液的冷却、沉淀和气体的逸出，但油箱尺寸大，空气和污物易侵入。在闭式回路中，泵的吸油口和执行元件的回油口直接连接，油液在封闭的油路系统内循环，结构紧凑，只需很小的补油箱，空气和污物不易侵入，但散热差，为补偿工作中油液的泄漏，需设补油装置，使结构复杂化。

容积调速回路利用的是变量泵或变量马达实现调速，通常液压泵和执行元件有三种组合形式：变量泵—定量执行元件的容积调速回路；定量泵—变量马达的容积调速回路；变量泵—变量马达的容积调速回路。

（1）变量泵—定量执行元件的容积调速回路。图 6-1 所示为变量泵—液压缸组成的开式容积调速回路，图 6-2 所示为变量泵—定量马达组成的闭式容积调速回路。工作时溢流阀常闭，作安全阀用。

图 6-2 所示定量泵 1 是补油泵，其流量一般为主泵的 10%～15%。补油泵的压力为 0.3～1.0MPa，由低压溢流阀 6 调定，使变量泵 3 的进油口保持较低的压力，以避免空穴并防止空气进入，从而使变量泵的吸油条件得到改善。

下面以图 6-2 所示的变量泵—定量马达回路为例，分析回路的调速特性。本节在分析问题过程中，均不考虑回路的各种损失。

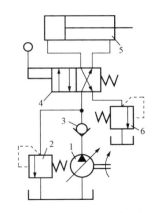

图 6-1 变量泵—液压缸
组成的开式容积调速回路
1—变量泵；2—安全阀；3—单向阀；
4—换向阀；5—液压缸；6—背压阀

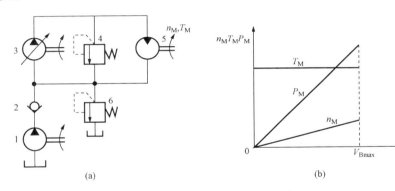

图 6-2 变量泵—定量马达容积调速回路
（a）回路图；（b）调速特性曲线
1—补油泵；2—单向阀；3—变量泵；4—安全阀；5—液压马达；6—溢流阀

定量马达的输出转速为

$$n_{M} = \frac{q_{M}}{V_{M}} = \frac{q_{B}}{V_{M}} = \frac{V_{B}}{V_{M}}n_{B} \qquad (6-1)$$

式中 q_{M}——液压马达的输入流量；

       q_{B}——变量泵的输出流量；

  V_{B}、V_{M}——变量泵、液压马达的排量；

       n_{B}——变量泵的转速。

定量马达的输出转矩为

$$T_{M} = \frac{V_{M}}{2\pi}\Delta p \qquad (6-2)$$

式中 Δp——液压马达的进、出口压差。

定量马达的输出功率为

$$P_{M} = 2\pi n_{M} T_{M} = V_{B}n_{B}\Delta p \qquad (6-3)$$

由式（6-1）～式（6-3）可得到变量泵—定量马达容积调速回路的主要调速特性：

1）马达的转速 n_M 与变量泵的排量 V_B 成正比，调节泵的排量即可调节马达的转速，其回路的调速范围较宽，速比 $\dfrac{n_{Mmax}}{n_{Mmin}}$ 可达到 40。

2）马达的输出功率 P_M 也与变量泵的排量 V_B 成正比。

3）当 Δp 一定时，调节变量泵的排量 V_B 对马达的输出转矩 T_M 没有影响，故该回路也称为恒转矩调速回路（执行元件是液压缸时则称为恒推力调速回路）。

图6-2（b）所示为变量泵—定量马达容积调速回路的调速特性曲线。

综上所述，变量泵—定量执行元件所组成的容积调速回路适用于调速范围较大，要求恒转矩（恒推力）输出的场合，如大型机床的主运动或进给系统中。

（2）定量泵—变量马达容积调速回路。图6-3所示为定量泵—变量马达组成的闭式容积调速回路。此回路是依靠调节变量马达的排量 V_M 来实现调速的。

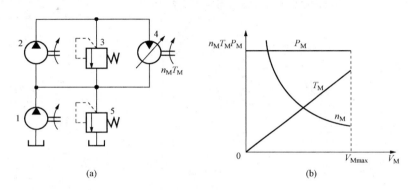

(a)　　　　　　　　　　　　　　(b)

图6-3　定量泵—变量马达容积调速回路

（a）回路图；（b）调速特性曲线

1—补油泵；2—定量泵；3—安全阀；4—变量马达；5—溢流阀

定量泵—变量马达回路的转速、输出功率和输出转矩表达式与变量泵—定量马达回路的完全相同，只是定量泵的排量固定，变量马达的排量可调。故其主要调速特性有以下三点：

1）变量马达的转速 n_M 与其排量 V_M 成反比，即 V_M 调得越小，n_M 越高。但马达的排量 V_M 不能调得太小，否则马达的输出转矩 T_M 将很小，甚至不能带动负载。所以该回路的调速范围较窄，速比不足 4。

2）马达的输出转矩 T_M 与马达的排量 V_M 成正比。

3）当进出口压差 Δp 一定时，马达的输出功率 P_M 与其排量 V_M 无关，在调速过程中保持恒定，故该回路也称为恒功率调速回路。

图6-3（b）所示为定量泵—变量马达容积调速回路的调速特性曲线。

由于定量泵—变量马达回路的调速范围窄，所以较少单独应用。

（3）变量泵—变量马达容积调速回路。这种调速回路实际上是上述两种调速回路的组合，其调速特性也兼具以上两者之优点。

图 6-4 所示为双向变量泵—双向变量马达组成的闭式容积调速回路。调节变量泵 1 的排量或变量马达 2 的排量，都可调节马达的转速，所以该回路的调速范围宽，速比可达100。改变双向泵 1 的转动方向，可以改变马达 2 的转动方向。补油泵 4 通过单向阀 6、7 实现双向补油，其补油压力由溢流阀 5 来调节；而单向阀 8、9 则使安全阀 3 能在两个方向上起过载保护作用。

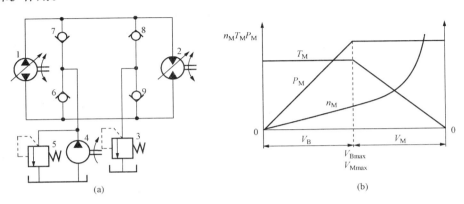

图 6-4 变量泵—变量马达容积调速回路

(a) 回路图；(b) 调速特性曲线

1—变量泵；2—变量马达；3—安全阀；4—补油泵；5—溢流阀；6～9—单向阀

为合理利用变量泵和变量马达调速中各自的优点，克服其缺点，实际中应常采取分段调速的方法。

第一阶段，相当于变量泵—定量马达调速。先将定量马达的排量固定在最大值 V_{Mmax}，然后从小到大逐渐调节变量泵的排量，则马达的转速便从低到高逐渐上升，直至泵的排量达到最大值。在这个调速阶段，马达的输出转矩不变，输出功率逐渐加大，属于恒转矩调速。

第二阶段，相当于定量泵—变量马达调速。将已调到最大值的变量泵排量 V_{Bmax} 固定不变，再从最大到最小逐渐调节变量马达的排量，则马达的转速便进一步逐渐升高，直至马达允许的最高转速。在这个调速阶段，马达的输出转矩逐渐减小，而输出功率不变，属于恒功率调速。

变量泵—变量马达容积调速回路的调速特性曲线如图 6-4（b）所示。该回路调速范围宽，能够满足一般设备在低速时要求输出较大转矩，高速时又希望输出功率能基本不变的要求，故广泛用在机床主运动和各种行走机械、牵引机等大功率机械中。

综合以上三种容积调速回路，因液压泵输出流量全部供给了液压马达，无溢流功率损失；从液压泵的出口到液压马达的进口之间仅有较小的管路压力损失，无节流功率损失，所以容积调速回路具有较高的效率，适用于大功率的场合。

2. 容积节流调速回路

容积调速回路虽然克服了节流调速回路效率低的缺点，但随着负载的增加，液压泵或液压马达的泄漏增加，从而使执行元件速度发生变化，尤其在低速时速度稳定性较差。实际应用中，若要提高液压系统的速度稳定性，又要有较高的效率，可采用容积节流调速回路。容积节流调速回路是利用变量泵和流量阀联合实现调速的回路。下面介绍一种由限压式变量叶片泵与调速阀组成的容积节流调速回路。

如图 6-5 所示，调速阀 2 装在进油路上（也可装在回油路上），调节它可以调节进入液压缸 3 的油液流量。溢流阀 5 做安全阀。该回路有两个主要特点：

(1) 限压式变量叶片泵 1 的输出流量 q_B 能自动与液压缸所需流量 q_1 相适应。因为限压

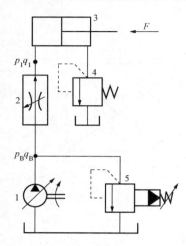

图 6-5　容积节流调速回路
1—限压式变量叶片泵；2—调速阀；
3—液压缸；4—背压阀；5—溢流阀

式变量泵的输出流量能随着工作压力的变化而自动调节，所以，当关小调速阀 2 时，q_1 减小，在这一瞬间泵的流量来不及变化，于是 $q_B > q_1$，多余的油液迫使泵的供油压力升高，从而迫使限压式变量泵的输出流量 q_B 自动减小，直至 $q_B = q_1$；反之，开大调速阀 2，$q_B < q_1$，使泵的供油压力降低，输出流量 q_B 自动增加，直至 $q_B = q_1$。可见，这种回路只有节流功率损失，没有溢流功率损失。

(2) 液压缸所需流量 q_1 不受负载变化的影响。由于采用了调速阀，所以不仅能够调节缸所需流量 q_1，而且该流量不会受负载变化的影响。

综上所述，容积节流调速回路较节流调速回路的效率高，而又比容积调速回路的速度稳定性好，具有较好的综合性能，适用于要求速度稳定、效率较高的液压系统。

此外，利用差压式变量泵与节流阀也能组成容积节流调速回路，取得同样效果。

二、增速回路

增速回路用来使执行元件获得尽可能大的运动速度，以提高系统的工作效率，一般用在要求液压系统流量大而压力低的空行程（或空载）场合。下面介绍几种常用的增速回路。

1. 差动连接的增速回路

图 6-6 所示为通过液压缸的差动连接获得增速的回路。当电磁铁 1 通电时，若电磁铁 3 断电，单出杆液压缸实现差动连接，活塞向右快进；若电磁铁 3 通电，液压缸右腔的回油需经调速阀 5 流回油箱，使活塞速度降低，实现工进。

采用差动连接的增速回路，不需要增加液压泵的输出流量，简单经济，但只能实现一个运动方向的增速，且增速比受液压缸两腔有效工作面积的限制。使用时要注意换向阀和油管通道应按差动时的较大流量选择，否则流动液阻过大，可能使溢流阀在快进时打开，减慢速度，甚至不起差动作用。

2. 双泵供油的增速回路

这种回路利用双泵并联向系统供油，其回路图见图 6-7。图 6-7 所示 1 为高压小流量泵，2 为低压大流量泵。当执行元件空载快速运动时，负载小，卸荷阀 3 关闭，泵 2 输出

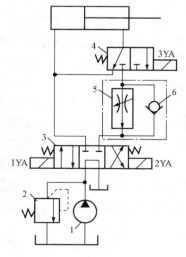

图 6-6　差动连接的增速回路
1—液压泵；2—溢流阀；3、4—换向阀；
5—调速阀；6—单向阀

的油液经单向阀 4 和泵 1 输出的油液汇合到一起进入
液压缸，共同向系统供油。在工作进给时，负载大，
系统压力升高，卸荷阀 3 被打开，使泵 2 卸荷，此时
单向阀 4 关闭，由泵 1 单独向系统供油。溢流阀 5 根
据系统所需最大工作压力来控制泵 1 的供油压力。卸
荷阀 3 的调整压力应高于快速运动时所需的压力而低
于工作进给时所需的压力。

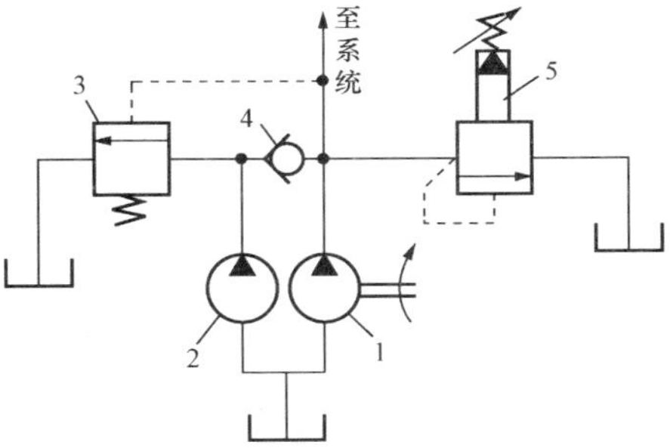

　　双泵供油回路功率利用合理、效率高，但采用双
联泵使成本增加，广泛用于快、慢速度相差较大的机
床等设备中。

图 6-7　双泵供油的增速回路

1、2—双联泵；3—卸荷阀；
4—单向阀；5—溢流阀

三、速度转换回路

　　速度转换回路用来使执行元件在一个工作循环中
实现运动速度的切换。速度转换是机器设备的普遍需要，如机床中快进→工进（慢速）→快
退这个最简单的工作循环，就要求能够实现速度转换。下面介绍几种常用的速度转换回路。

　　1. 快慢速转换回路

　　如图 6-6 所示液压缸不但可以获得差动快进，也能由快速转换为慢速，是一种利用电
磁换向阀实现快、慢速转换的回路，具有安装灵活方便，速度转换快的优点，但其换接精度
及速度变换的平稳性较差。

　　此外，还有很多能够实现快慢速转换的回路，图 6-8 所示为利用行程阀控制的快、慢
速转换的回路。在图示位置，液压缸 3 右腔的回油可经行程阀 4 流回油箱，使活塞快速向右
运动。当快速运动到达所需位置时，活塞杆上的挡铁压下行程阀 4 后，行程阀 4 关闭，这时
液压缸 3 右腔的回油只能通过节流阀 5 流回油箱，活塞向右运动速度由快速前进转换为慢速
工进。当换向阀 2 左位接入系统时，不管行程阀 4 是否被压下，压力油均可经单向阀 6 进入
液压缸 3 右腔，使活塞快速向左退回。

　　在这种速度换接回路中，因为行程阀阀芯的移动是受活塞行程控制而逐渐关闭阀口
的，所以换接时位置精度高，速度转换比较平稳，
但行程阀的安装位置受一定限制。该回路在机床液压
系统中应用较多。

　　2. 两种工作进给速度的转换回路

　　许多组合机床、注塑机等，常常需要在自动工作
循环中变换两种以上的工作进给速度，这时需要采用
两种（或多种）工作进给速度的转换回路。常用的两
种工进速度的转换回路有以下两种：

　　（1）串联调速阀的速度转换回路。图 6-9 所示为
两个调速阀串联以实现两种工进速度转换的回路。在
图示位置，液压泵 1 输出的压力油经调速阀 2 和电磁
换向阀 4 进入液压缸，由调速阀 2 控制得到第一种工
进速度；当电磁阀 4 通电时，则压力油先经调速阀 2，
再经调速阀 3 进入液压缸，这时由调速阀 3 控制得到

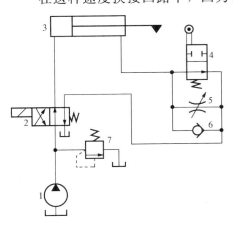

图 6-8　利用行程阀控制的
快慢速转换回路

1—液压泵；2—换向阀；3—液压缸；
4—行程阀；5—节流阀；6—单向阀；7—溢流阀

了第二种工进速度。两个调速阀串联时，调速阀 3 只能控制更低的一种速度，其开口应比调速阀 2 的开口调得小，使调节受到一定限制。

（2）并联调速阀的速度转换回路。图 6-10 所示为两个调速阀并联以实现两种工进速度转换的回路，两个调速阀的节流口大小不同，可以单独调节，互不影响。液压缸在电磁阀 5 的操纵下通过两个并联的调速阀，即可实现两种不同工进速度的转换。

如图 6-10（a）所示，在调速阀 3 工作时，另一个调速阀 4 的通路被堵，没有油液通过，阀 4 中的减压阀处于阀口全开的位置，当转入另一种工进速度时，通过阀 4 的瞬时流量过大，执行元件易产生突然前冲的现象。同样，当调速阀 3 由断开到接入工作时，也会出现前冲现象。

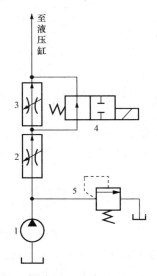

图 6-9　串联调速阀的速度转换回路

1—液压泵；2、3—调速阀；4—换向阀；5—溢流阀

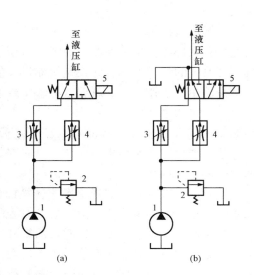

图 6-10　并联调速阀的速度转换回路

1—液压泵；2—溢流阀；3、4—调速阀；5—换向阀

采用图 6-10（b）所示的另一种并联调速阀的速度转换回路时，由于两个调速阀始终处于工作状态，则可以避免前冲现象。但是液压系统在工作中总有一定量的油液通过不起调速作用的那个调速阀流回油箱，造成一定的能量损失，使系统发热。

第二节　压力控制回路

压力控制回路是利用压力控制阀来控制和调节液压系统压力的回路，可实现对系统进行调压、减压、增压、卸荷、保压与平衡等控制，以满足执行元件所需的力或力矩要求。

在第五章学习液压控制元件的应用时，已介绍了不少压力控制回路，这里对压力控制回路作一个归纳和补充，重点介绍增压、卸荷回路。

一、调压回路

调压回路用来调定或限制液压系统的工作压力，使之与负载相适应，包括利用溢流阀实现的单级调压回路（见图 5-20）、多级调压回路（见图 5-23）和远程调压回路（见图 5-

22）等，当执行元件正反行程需要不同压力时，可采用下面介绍的两种双向调压回路，如图6-11所示。

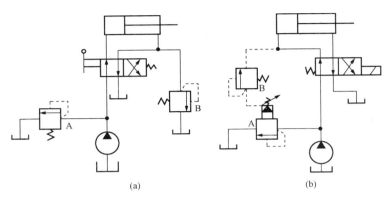

图 6-11　双向调压回路

如图 6-11（a）所示，当换向阀处于图示位置时，活塞向右工作进给，液压泵出口由溢流阀 A 调定为较高的压力，液压缸右腔的回油经换向阀流回油箱，此时溢流阀 B 不起作用；当换向阀处于右位时，活塞向左空载退回，液压泵出口由溢流阀 B 调定为较低的压力，此时溢流阀 A 不起作用。

在图 6-11（b）所示位置时，溢流阀 B 的出口被高压油封闭，即溢流阀 A 的远控口被堵塞，此时液压泵出口压力较高，由阀 A 调定；当换向阀处于右位时，阀 B 的出口通油箱，阀 B 相当于阀 A 的远程调压阀，液压泵出口压力由阀 B 调定。

以上两个双向调压回路中，阀 A 的调定压力值应大于阀 B 的调定压力值。

二、减压与增压回路

利用减压阀可以组成单级（见图 5-27）和多级减压回路（见图 5-28），与减压回路相反，增压回路用来提高系统某一分支油路的压力，以满足局部工作机构的需要。增压回路中提高压力的主要元件是增压缸（或增压器），这样不用另外增设高压泵，不仅易于选择液压泵，而且系统工作较可靠，噪声小。

1. 单作用增压回路

图 6-12（a）所示为利用单作用增压缸的增压回路。当系统在图示位置工作时，液压泵供给增压缸 2 的大活塞腔以较低的压力 p_1，在小活塞腔即可得到所需的较高压力 p_2；当电磁换向阀 1 换位后，增压缸活塞返回，辅助油箱 3 中的油液经单向阀 4 向小活塞腔补油。该回路只能实现间歇增压。

2. 双作用增压回路

图 6-12（b）所示为增压回路采用双作用增压缸 9 增压。该回路由电磁换向阀 5 的反复换向（通过增压缸的行程控制来实现），使增压缸的活塞不断往复运动，两端便交替输出高压油，从而实现连续增压。

三、卸荷回路

液压系统的执行元件在短时间内需要停止工作时，应采用卸荷回路，使液压泵卸荷。由于液压泵的输出功率 $P = pq$，压力 p 或流量 q 两者任一近似为零，功率损耗即近似为零，因此，液压泵的卸荷有流量卸荷和压力卸荷两种。前者主要是使用变量泵，使变量泵仅为补偿

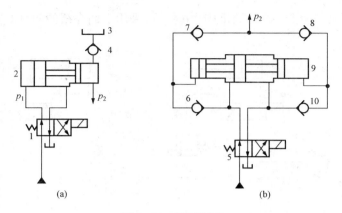

图 6-12　增压回路

（a）单作用增压回路；（b）双作用增压回路

1、5—换向阀；2—单作用增压缸；3—辅助油箱；4、6、7、

8、10—单向阀；9—双作用增压缸

泄漏而以最小流量运转，此方法比较简单，但泵仍处在高压状态下运行，磨损比较严重；而压力卸荷是使泵在接近零压力下运转。

常见的压力卸荷方式有以下几种：

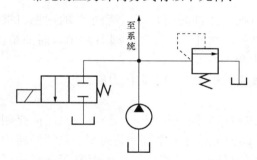

图 6-13　采用二位二通换向阀的
卸荷回路

（1）采用三位换向阀的卸荷回路。如第五章所述，当 M、H 或 K 型等滑阀机能的三位换向阀处于中位时，泵即卸荷。这种卸荷方法简单，但只适用于单缸和流量比较小的液压系统。

（2）采用二位二通换向阀的卸荷回路。图 6-13 所示为采用二位二通电磁换向阀的卸荷回路。当执行元件停止运动时，可使二位二通电磁换向阀通电，这时液压泵输出的油液通过该阀流回油箱，实现液压泵卸荷。该回路中二位二通换向阀的流量规格应能通过液压泵的最大流量，适用于

流量较小的场合，否则阀的结构尺寸大。而图 5-22 中采用先导式溢流阀使泵卸荷时，与先导式溢流阀的远控口相通的只需一小规格的二位二通换向阀。

（3）采用卸荷阀（见图 6-7）使液压泵卸荷。

四、保压回路

液压执行机构常需要在一定行程位置上停止运动，或者在有微小位移下稳定地维持一定的压力，这时可采用保压回路。

（1）采用液压泵的保压回路。利用液压泵的保压回路在保压过程中，液压泵仍以较高的压力（保压所需压力）工作。此时，若采用定量泵则压力油几乎全部经溢流阀流回油箱，系统功率损失大，易发热，故只在小功率系统中且保压时间较短的场合下才使用；若采用变量泵（如限压式变量叶片泵），在保压时泵的压力较高，但供油量很小，仅用来补充泵本身和阀的泄漏量，故系统的功率损失小，这种保压方法能随泄漏量的变化而自动调整输出流量，因而系统效率也较高。

（2）采用蓄能器的保压回路。采用蓄能器的保压回路，通过压力继电器实现控制，适用于保压时间长，要求功率损失小的场合。其回路图如图 5-38 所示。

平衡回路也属于压力控制回路，常用的有采用单向顺序阀的平衡回路和采用液控顺序阀的平衡回路，如图 5-33 和图 5-34 所示。

第三节 多缸动作回路

一、顺序动作回路

在多个执行元件的液压系统中，往往需要多个执行元件按照一定的要求顺序动作。例如，自动车床中刀架的纵、横向运动，夹紧机构的定位和夹紧等，均需采用顺序动作回路。

顺序动作回路按其控制方式不同，分为压力控制、行程控制和时间控制三类。

1. 用压力控制的顺序动作回路

压力控制就是利用油路本身的压力变化来控制执行元件的先后动作顺序。它主要利用顺序阀（见图 5-31）和压力继电器（见图 5-37）来实现。这种控制方式简单易行，但动作顺序的可靠性容易受管路中压力冲击或波动的影响，在动作顺序要求严格或执行元件数目超过三个的液压系统中，宜采用行程控制的顺序动作回路。

2. 用行程控制的顺序动作回路

行程控制是利用执行元件到达一定位置（行程）时发出讯号，使下一个执行元件开始动作。这种控制方式可靠，一般不会产生误动作，可以利用行程阀、行程开关等来实现。但用行程开关控制顺序已逐渐被计算机控制所代替。

图 6-14 所示为利用行程阀控制的顺序动作回路，工作循环开始前，两液压缸活塞位置如图所示。当电磁阀通电时，缸 A 活塞右行，完成动作①，到达终点时挡块压下行程阀，缸 B 活塞下行，完成动作②；当电磁阀断电时，缸 A 活塞左行退回，完成动作③；当挡块离开滚轮，行程阀复位后，缸 B 活塞上行退回，完成动作④。调节挡块的位置，可以控制继动作①之后，动作②的开始时刻。该回路工作可靠，但动作顺序较难改变。

3. 用延时阀控制的顺序动作回路

图 6-15 所示为用延时阀使两液压缸实现单向顺序动作的回路，延长时间由节流阀调节。该回路结构简单，但可靠性差，由于延时受负载和温度变化的影响，不宜用于延时过长的场合。但如果用时间继电器代替延时阀实现顺序控制，时间可以控制得非常准确。

二、同步回路

同步回路是使两个以上的执行元件在运动中克服负载、摩擦、泄漏、制造上的误差和结构变形等方面的差异，保持相同的位移或相同的速度，实现同步运动。

1. 机械连接式同步回路

两液压缸可通过刚性构件、齿轮齿条副或连杆机构等机械连接实现同步运动。图 6-16 所示为利用齿轮齿条副将两液压缸的活塞杆连接在一起，使两缸双向同步运动的。该回路工作可靠，结构简单，但如果两液压缸之间的负载差别较大，而连接刚性又较小时，则会因偏载而造成活塞杆的卡死，故只适用于同步缸距离近且偏载较小的场合。

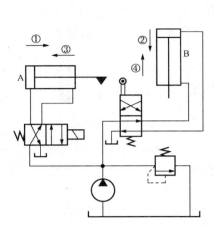
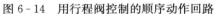

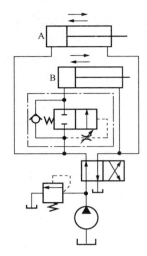

图 6-14　用行程阀控制的顺序动作回路　　　　图 6-15　用延时阀控制的顺序动作回路

2. 串联液压缸式同步回路

图 6-17 所示为串联液压缸式的双向同步回路，两液压缸的有效作用面积相等。这种回路方法简单，效率较高，但泄漏和制造误差会影响液压缸的同步精度，长期运行位置误差会不断累积，产生严重的同步运动失调现象。为此，一般应在此回路中增设补偿装置。

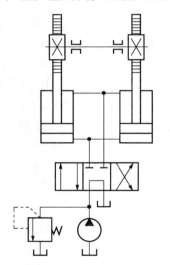

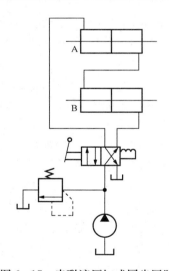

图 6-16　机械连接式同步回路　　　　图 6-17　串联液压缸式同步回路

图 6-18 即为带有补偿装置的串联液压缸式同步回路。为了达到同步运动，缸 A 有杆腔 a 的有效面积应与缸 B 无杆腔 b 的有效面积相等。其补偿原理是在两液压缸活塞同时下行的过程中（此时阀 1 处于右位），如缸 A 的活塞先运动到底，就触动行程开关 1XK 发讯，使电磁铁 1YA 通电。此时，压力油便经过电磁阀 2、液控单向阀 3，向液压缸 B 的 b 腔补油，使缸 B 的活塞继续下降到底；如果液压缸 B 的活塞先运动到底，则将触动行程开关 2XK，使电磁铁 2YA 通电，此时压力油便经电磁阀 4 接通液控单向阀的控制油路，使 A 缸 a 腔的油液能通过液控单向阀 3 和电磁阀 2 回油箱，使缸 A 的活塞继续下降到底。这样，在每一

次下行的终端都能消除同步误差，对失调现象起到了补偿作用。这种串联液压缸式同步回路只适用于负载较小的液压系统。

3. 流量控制式同步回路

（1）用调速阀控制的同步回路。图 6-19 所示为用调速阀控制的同步回路，两个调速阀分别调节两个并联液压缸 A、B 活塞上升的运动速度。当两缸有效面积相等时，则流量也调整得相同；当两缸面积不等时，则改变调速阀的流量也能使两缸实现单向同步运动。

该回路结构简单，但易受到油温变化及调速阀性能差异等影响，同步精度较低，一般为 5%～7%，并且无法消除两缸的位置误差。

（2）用电液比例调速阀控制的同步回路。图 6-20 所示为用电液比例调速阀控制的同步运动回路。回路中使用了一个普通调速阀 1 和一个电液比例调速阀 2，它们装在由多个单向阀组成的桥式回路中，分别控制着两液压缸的运动。位移传感器（图中未画出）能随时检测两液压缸的位置误差，经比较、放大后反馈至电液比例调速阀 2 的输入端，自动调节其流量，使两缸实现双向同步运动。

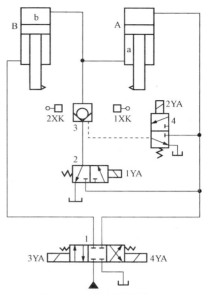

图 6-18 带有补偿装置的
串联液压缸式同步回路
1、2、4—电磁换向阀；3—液控单向阀

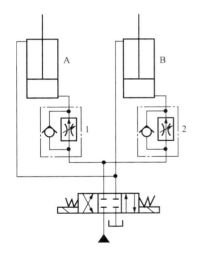

图 6-19 调速阀控制的同步回路
1、2—调速阀

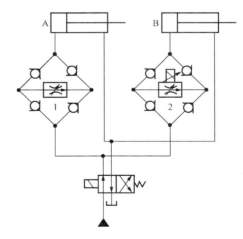

图 6-20 电液比例调整阀控制的同步回路
1—普通调速阀；2—电液比例调速阀

这种回路的同步精度较高，位置精度可达 0.5mm，已能满足大多数液压系统所要求的同步精度要求。

三、快慢速互不干扰回路

在一泵多缸的液压系统中，当其中一个液压缸转为快速运动的瞬时，往往会造成系统的压力下降，影响其他液压缸工作的稳定性。快慢速互不干扰回路可以使几个执行元件在完成各自的循环动作时彼此互不影响，可用于工作进给要求比较稳定、有多个执行元件的机床液压系统中。

图 6-21 所示为采用双泵供油的快慢速互不干扰回路。其中，A、B 两液压缸分别要完成快进→工进→快退的自动循环，具体工作情况见表 6-1。

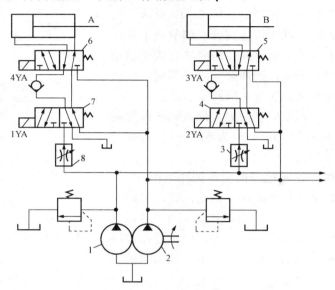

图 6-21　双泵供油的快慢速互不干扰回路
1、2—双联泵；3、8—调速阀；4～7—换向阀

表 6-1 　　　　　　　　　　　**电 磁 铁 动 作 表**

A缸		B缸		电　　磁　　铁				说明
动作	供油泵	动作	供油泵	1YA	2YA	3YA	4YA	
快进	泵2	快进	泵2	—	—	+	+	差动连接
工进	泵1	快进	泵2	+	—	+	—	快慢速互不干扰
工进	泵1	工进	泵1	+	+	—	—	
快退	泵2	快退	泵2	+	+	+	+	

注　"+"为通电；"—"为断电。

可见，各缸工作进给时由高压小流量泵 1 供油，快进或快退时则由低压大流量泵 2 供油，由于快慢速由两泵分别供油，因此避免了相互的干扰。

本 章 小 结

实际中的液压系统无论以什么形式出现，有多么复杂，总是由一些基本回路所组成的。我们必须熟悉和掌握基本回路的组成、工作原理、组成性能特点和应用，为分析比较复杂的典型液压传动系统打下基础。

按照所能实现的主要功能不同，常用的液压基本回路可分为方向控制回路、速度控制回路、压力控制回路和多缸动作回路四大类。液压基本回路的主要类型和功用见表 6-2。

表 6 - 2 　　　　　　　　　　　　液压基本回路的主要类型和功用

类 型			功 用
方向控制回路	换向回路，见图 5-9		改变执行元件的运动方向
	锁紧回路，见图 5-16		
速度控制回路	调速回路	1. 节流调速回路，见图 5-47、图 5-48、图 5-49； 2. 容积调速回路，见图 6-1、图 6-2、图 6-3、图 6-4； 3. 容积节流调速回路，见图 6-5	控制调节执行元件运动速度
	增速回路	1. 差动连接的增速回路，见图 6-6； 2. 双泵供油的增速回路，见图 6-7	
	速度转换回路	1. 快慢速转换回路，见图 6-8； 2. 两种工作进给速度的转换回路，见图 6-9、图 6-10	
压力控制回路	调压回路	1. 单级调压回路，见图 5-20； 2. 远程调压回路，见图 5-22； 3. 多级调压回路，见图 5-23； 4. 双向调压回路见图 6-11	用压力控制阀来控制和调节液压系统压力，以满足执行元件所需的力或力矩的要求
	减压回路	1. 单级减压回路，见图 5-27； 2. 多级减压回路，见图 5-28	
	增压回路	1. 单作用增压回路，见图 6-12（a）； 2. 双作用增压回路，见图 6-12（b）	
	卸荷回路	1. 采用三位换向阀的卸荷回路，见图 5-11、图 6-6； 2. 采用二位二通换向阀的卸荷回路，见图 6-13	
	保压回路	1. 采用液压泵的保压回路； 2. 采用蓄能器的保压回路，见图 5-38	
	平衡回路	1. 采用单向顺序阀的平衡回路，见图 5-33； 2. 采用液控单向顺序阀的平衡回路，见图 5-34	
多缸动作回路	顺序动作回路	1. 用压力控制的顺序动作回路，见图 5-31、图 5-37； 2. 用行程控制的顺序动作回路，见图 6-14； 3. 用延时阀控制的顺序动作回路，见图 6-15	用于多缸工作的液压系统中，控制系统中多个执行元件的动作
	同步运动回路	1. 机械连接式同步回路，见图 6-16； 2. 串联液压缸式同步回路，见图 6-17、图 6-18； 3. 流量控制式同步回路，见图 6-19、图 6-20	
	快慢速互不干扰回路，见图 6-21		

复 习 思 考 题

6-1 调速回路有哪几种调速方法？

6-2 容积调速回路中，液压泵和执行元件有哪三种组合形式？各有何调速特性？分别适用于什么场合？

6-3 变量泵—变量马达容积调速回路应按怎样的调速方法调速？为什么？

6-4 比较采用压力控制或行程控制顺序动作回路的特点。

6-5 如图 6-18 所示带有补偿装置的串联液压缸式同步回路，试分析其消除同步误差的工作原理。

习　　题

6-1　试填写如图 6-22 所示液压系统实现"快进→工进→快退→停止"工作循环的电磁铁动作顺序表（电磁铁通电为"＋"、断电为"—"）。

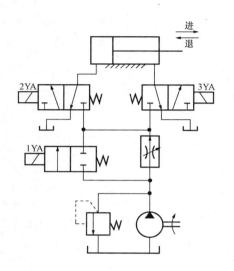

电磁铁动作顺序表

动作 ＼ 电磁铁	1YA	2YA	3YA
快进			
一工进			
二工进			
快退			
停止			

图 6-22　题 6-1 图

6-2　如图 6-23 所示液压系统能实现"快进→一工进→二工进→快退"的工作循环，试编写该回路的电磁铁动作顺序表，并说明液控单向阀 1、2 在回路中所起的作用。

注：调速阀 3 的开口大于调速阀 4 的开口。

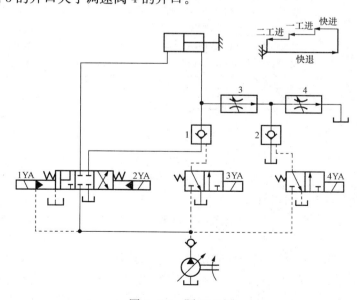

图 6-23　题 6-2 图

6-3 如图 6-24 所示液压系统中，要求其完成的动作循环如下表所示，试分析该系统并完成以下问题：

(1) 说明元件 3、4、6、7 的作用。

(2) 写出图中各序号所对应的液压元件名称。

(3) 根据动作循环填写电磁铁动作顺序表。

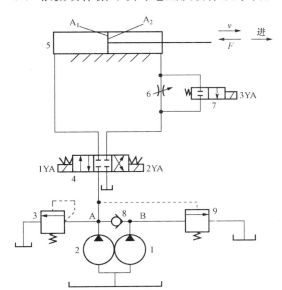

电 磁 铁 动 作 顺 序 表

动作 \ 电磁铁	1YA	2YA	3YA
快进			
工进			
快退			
原位停止			

图 6-24 题 6-3 图

6-4 在液压试验台上搭接出给定要求的液压基本回路。

第七章　典型液压系统

液压系统是根据液压设备的工作要求，选用适当的基本回路构成的，其原理用液压系统图来表示。设备的液压系统图是用规定的图形符号画出的。这种图表明了组成液压系统的所有元件及它们之间相互连接的情况，还表明了各元件所实现的运动循环及循环的控制方式等，从而表明了整个液压系统的工作原理。

分析和阅读较复杂的液压系统图，大致可按以下步骤进行：

（1）首先要了解机械设备的工况对液压系统有哪些要求。

（2）分析机械设备所要完成的动作循环图。

（3）了解动作循环图中各个工况对液压系统的力、速度和运动方向的要求。

（4）了解液压系统图中包含哪些元件，并且以执行元件为中心，将系统分解为若干个工作单元。

（5）了解执行元件与相应的阀、泵之间的关系，并分析系统中都包含哪些基本回路，参照电磁铁动作循环表和执行元件的动作要求，理清其油路的流动路线。

（6）在全面读懂液压系统的基础上，根据系统所使用的基本回路的性能，对系统作综合分析，归纳总结整个液压系统的特点，以加深对液压系统的理解。

第一节　数控车床液压系统

一、概述

随着机电技术的不断发展，特别是数控技术的飞速发展，机床设备的自动化程度和精度越来越高。在数控机床中，液压传动技术也得到了充分的应用。

数控车床中卡盘的夹紧与松开、卡盘夹紧力的高低压转换、刀架的松开与夹紧、刀架的正转与反转、尾架套筒的伸出与退回都是由液压系统驱动的。液压系统中各电磁阀的电磁铁动作是由数控系统的 PLC 控制实现的。

图 7-1 所示为 MJ-50 数控车床液压系统原理图。机床的液压系统采用单向变量液压泵，系统压力调至 4MPa。泵出口的压力油经过单向阀接入回路。在阅读和分析液压系统图时，可参阅电磁铁动作顺序表（见表 7-1）。

二、MJ-50 数控车床液压系统的工作原理

1. 卡盘的夹紧与松开

主轴卡盘的夹紧与松开，由二位四通电磁阀 8 控制。卡盘的高压夹紧与低压夹紧的转换，由二位四通电磁阀 6 控制。

（1）卡盘处于正卡且在高压夹紧。其夹紧力的大小由减压阀 4 来调整，由压力表 7 显示卡盘压力，此时 1YA 通电、3YA 断电，阀 6 的左位及阀 8 左位接入回路，其油流路线如下：

进油路：液压泵 1→单向阀 2→减压阀 4→阀 6 左位→阀 8 左位→液压缸 9 右腔。

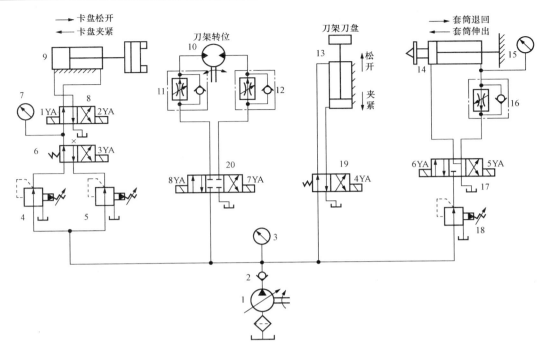

图 7-1　MJ-50 数控车床液压系统图

1—液压泵；2—单向阀；3、7、15—压力表；4、5、18—减压阀；6、8、17、19、20—电磁换向阀；

9、13、14—液压缸；10—液压马达；11、12、16—单向调速阀

表 7-1　　　　　　　　　　　　电 磁 铁 动 作 顺 序 表

动作		电磁铁	1YA	2YA	3YA	4YA	5YA	6YA	7YA	8YA
卡盘正卡	高压	夹紧	+	−	−					
		松开	−	+	−					
	低压	夹紧	+	−	+					
		松开	−	+	+					
卡盘反卡	高压	夹紧	−	+	−					
		松开	+	−	−					
	低压	夹紧	−	+	+					
		松开	+	−	+					
回转刀架		刀架正转							−	+
		刀架反转							+	−
		刀盘松开				+				
		刀盘夹紧				−				
尾座		套筒伸出					+	−		
		套筒退回					−	+		

注　"＋"表示电磁铁通电；"—"表示电磁铁断电。

回油路：液压缸 9 左腔→阀 8 左位→油箱。

此时活塞杆左移，卡盘夹紧。

（2）卡盘处于正卡且在高压松开。此时 2YA 通电，阀 8 右位接入回路，其油流路线如下：

进油路：液压泵 1→单向阀 2→减压阀 4→阀 6 左位→阀 8 右位→液压缸 9 左腔。

回油路：液压缸 9 右腔→阀 8 右位→油箱。

此时活塞杆右移，卡盘松开。

卡盘处于正卡且在低压夹紧状态下，夹紧力的大小由减压阀 5 来调整，1YA、3YA 通电，此时活塞杆左移，卡盘夹紧。

卡盘处于正卡且在低压松开状态下，2YA、3YA 通电，此时活塞杆右移，卡盘松开。

卡盘反卡时，读者可参考卡盘正卡及表 7-1 分析。

2. 回转刀架的回转

回转刀架换刀时，首先是刀盘松开，之后刀架转到指定的刀位，最后刀盘复位夹紧。刀盘的夹紧与松开，由二位四通电磁阀 19 控制。刀架有正转和反转，由三位四通电磁阀 20 控制，其转速分别由单向调速阀 11 和 12 控制。

（1）刀盘松开。此时 4YA 通电，阀 19 右位接入回路，其油流路线如下：

进油路：液压泵 1→单向阀 2→阀 19 右位→液压缸 13 下腔。

回油路：液压缸 13 上腔→阀 19 右位→油箱。

此时活塞杆上移，刀盘松开。

（2）刀架正转。此时 8YA 通电，阀 20 左位接入回路，其油流路线如下：

进油路：液压泵 1→单向阀 2→阀 20 左位→单向调速阀 11 的节流阀→液压马达 10。

回油路：液压马达 10→单向调速阀 12 的单向阀→阀 20 左位→油箱。

此时马达带动刀架正转。

（3）刀架反转。此时 7YA 通电，阀 20 右位接入回路，其油流路线如下：

进油路：液压泵 1→单向阀 2→阀 20 右位→单向调速阀 12 的节流阀→液压马达 10。

回油路：液压马达 10→单向调速阀 11 的单向阀→阀 20 右位→油箱。

此时马达带动刀架反转。

（4）刀盘夹紧。此时 4YA 断电，阀 19 左位接入回路，其油流路线如下：

进油路：液压泵 1→单向阀 2→阀 19 左位→液压缸 13 上腔。

回油路：液压缸 13 下腔→阀 19 左位→油箱。

此时活塞杆下移，刀盘夹紧。

3. 尾座套筒伸缩运动

尾座套筒的伸出与退回由三位四通电磁阀 17 控制。

（1）尾座套筒伸出。此时 6YA 通电，阀 17 左位接入回路，其油流路线如下：

进油路：液压泵 1→单向阀 2→减压阀 18→阀 17 左位→液压缸 14 左腔。

回油路：液压缸 14 右腔→单向调速阀 16 的节流阀→阀 17 左位→油箱。

（2）尾座套筒退回。此时 5YA 通电，阀 17 右位接入回路，其油流路线如下：

进油路：液压泵 1→单向阀 2→减压阀 18→阀 17 右位单向调速阀 16 的单向阀→液压缸 14 右腔。

回油路：液压缸 14 左腔→阀 17 右位→油箱。

此时液压缸带动套筒返回，通过调整减压阀 18 的工作压力就可改变套筒工作时的预紧力大小，并可由压力表 15 显示。

三、系统的特点

（1）系统采用单向变量液压泵供油，能量损失较小。

（2）用换向阀来实现高低压夹紧的转换，操作方便简单。

（3）用液压马达来控制刀架的正、反转，可实现无级调速。

（4）用换向阀来实现套筒的伸缩转换，并可调节尾座套筒伸出工作时预紧力的大小，来适应不同工况的需要。

第二节　组合机床动力滑台液压系统

一、概述

液压动力滑台是组合机床上用以实现进给运动的一种通用部件，其运动是靠液压缸驱动的。滑台台面上可以安装动力箱，多轴箱或各种专用切削头等工作部件。滑台与机身、中间底座等通用部件可组成各种组合机床，完成钻、扩、铰、镗、铣、车、刮端面、攻螺纹等加工工序，并可实现多种工作循环。

组合机床一般多为多刀加工，切削负荷变化大，快慢速差异大。要求切削时速度低而平稳；空行程进退速度快；快慢速度转换平稳；系统效率高，发热少，功率利用合理。故其液压系统应满足上述要求。

液压动力滑台是系列化产品，不同规格的滑台，其液压系统的组成和工作原理基本相同。现以图 7-2 所示液压动力滑台的液压系统实现"快进→一工进→二工进→死挡停留→

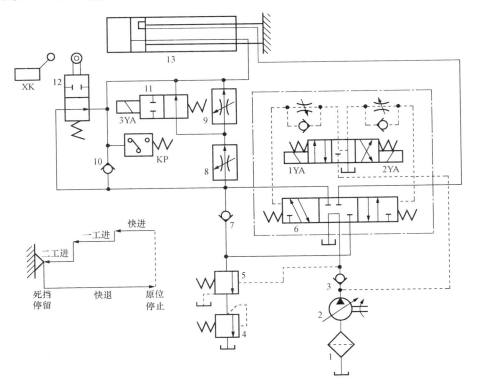

图 7-2　液压动力滑台的液压系统

1—过滤器；2—变量泵；3、7、10—单向阀；4—背压阀；5—液控顺序阀；
6—电液换向阀；8、9—调速阀；11—电磁换向阀；12—行程阀；13—液压缸

快退→原位停止"工作循环为例，分析其工作原理及特点。该滑台进给速度范围为 0.012～0.5m/min，最大运动速度约为 8m/min，最大进给力为 20kN。

该液压系统采用限压式变量叶片泵供油，用电液换向阀换向，用行程阀实现快慢速转换，用串联调速阀实现两次工进速度的转换，是只有一个单杆活塞缸的中压系统，其最高工作压力不大于 6.3MPa。

液压动力滑台的工作循环，是由固定在滑动工作台侧面上的挡块直接压行程阀换位，或碰行程开关控制电磁换向阀的通电顺序实现的。在阅读和分析液压系统图时，可参阅电磁铁和行程阀动作顺序表（见表 7 - 2）。

表 7 - 2   **电磁铁和行程阀动作顺序表**

动作	电 磁 铁			行程阀 12	KP
	1YA	2YA	3YA		
快进	+	−	−	−	−
一工进	+	−	−	+	−
二工进	+	−	+	+	−
死挡停留	+	−	+	+	+
快退	−	+	−	+	−
原位停止	−	−	−	−	−

二、1HY40 型动力滑台液压系统的工作原理

1. 快进

按下启动按钮，电磁铁 1YA 通电，电液换向阀 6 的先导阀左位接入回路，此时控制油路如下：

进油路：过滤器 1→变量泵 2→阀 6 的先导阀左位→阀 6 的左单向阀→阀 6 的液动阀左端。

回油路：阀 6 的液动阀右端→阀 6 的右节流阀→阀 6 的先导阀左位→油箱。

在控制油液作用下阀 6 的液动阀左位接入回路，主油路如下：

进油路：过滤器 1→变量泵 2→单向阀 3→阀 6 的液动阀左位→行程阀 12→液压缸 13 左腔。

回油路：液压缸 13 右腔→阀 6 的液动阀左位→单向阀 7→行程阀 12→液压缸 13 左腔。

此时负载较小，液压系统的工作压力较低，液控顺序阀 5 关闭。液压缸左右两腔都通压力油而形成差动快进，限压式变量泵 2 输出的流量为最大，滑台快速前进。

2. 第一次工作进给

当滑台快速前进到预定位置时，控制挡块压下行程阀 12 而切断快进油路。电液换向阀 6 的先导阀和主阀的左位仍接入回路，工作状态不变。此时泵 2 输出的油液只能经调速阀 8、二位二通电磁换向阀 11 而进入液压缸左腔，于是系统压力升高，液控顺序阀 5 打开，滑台切换为第一次工作进给运动，主油路如下：

进油路：过滤器 1→变量泵 2→单向阀 3→阀 6 的液动阀左位→调速阀 8→换向阀 11→液压缸 13 左腔。

回油路：液压缸 13 右腔→阀 6 的液动阀左位→液控顺序阀 5→背压阀 4→油箱。

限压式变量泵 2 的输出流量随系统压力升高而自动减小，与调速阀 8 调节的流量相适

应，第一次工作进给速度由调速阀 8 调节控制。

3. 第二次工作进给

当滑台第一次工作进给到预定位置时，其挡块压下行程开关 XK，发出电信号，使电磁铁 3YA 通电，换向阀 11 的左位接入回路，压力油需经调速阀 8、9 而进入液压缸左腔。由于调速阀 9 的开口量比调速阀 8 小，故滑台工作进给速度继续降低，其速度由调速阀 9 调节确定。液压缸右腔的回油路线与第一次工作进给时相同。

4. 死挡停留

当滑台第二次工作进给结束碰到死挡铁后，滑台停止进给，此时液压缸左腔油液压力升高，当升高到压力继电器 KP 的调整值时，压力继电器发出电信号给时间继电器，其停留时间由时间继电器调定。

5. 快速退回

滑台停留结束，时间继电器发出电信号，使电磁铁 1YA、3YA 断电而 2YA 通电，阀 6 的先导阀右位接入系统，此时控制油路如下：

进油路：过滤器 1→变量泵 2→阀 6 的先导阀右位→阀 6 的右单向阀→阀 6 的液动阀右端。

回油路：阀 6 的液动阀左端→阀 6 的左节流阀→阀 6 的先导阀右位→油箱。

在控制油液压力作用下阀 6 的液动阀右位接入系统，主油路如下：

进油路：过滤器 1→变量泵 2→单向阀 3→阀 6 的液动阀右位→液压缸 13 右腔。

回油路：液压缸 13 左腔→单向阀 10→阀 6 的液动阀右位→油箱。

由于滑台退回时负载小，系统压力较低，泵 2 的流量自动增至最大，则滑台快速退回。

6. 原位停止

当滑台快退回到原位时，挡块压下终点行程开关（图中未画出）而发出电信号，使电磁铁 2YA 断电，阀 6 的先导阀和液动阀都回到中位，液压缸进回油口被封闭，滑台停止运动。此时变量泵 2 输出的油液经单向阀 3、阀 6 的液动阀中位流回油箱，液压泵实现卸荷。

单向阀 3 使泵卸荷时，控制油液仍保持一定的压力，使阀 6 的先导阀电磁铁通电时可保证阀 6 的液动阀能迅速启动换向。

三、系统的特点

由上述可知，该系统主要由以下基本回路组合而成：限压式变量泵和调速阀组成的容积节流调速回路；单活塞杆液压缸差动连接增速回路；电液换向阀的换向回路（三位换向阀卸荷回路）；行程阀和电磁阀的速度换接回路；串联调速阀的二次进给调速回路等。这些回路的应用决定了系统的主要性能，其特点如下：

(1) 采用容积节流调速回路，保证了稳定的低速进给运动、较好的速度刚性和较大的调速范围。在回油路上设置背压阀，提高了滑台运动的平稳性，并获得较好的速度负载特性。

(2) 限压式变量泵在快速时，能输出最大的流量；在工作进给时，输出流量与调速阀控制的流量相适应；在死挡铁停留时，仅输出补偿系统泄漏所需流量；在滑台原位停止时，泵低压卸荷；在快进时，液压缸差动连接。由此可见，在泵的选择和能量利用方面更为经济合理。

(3) 采用行程阀和液控顺序阀实现快进—工进切换，换速平稳，动作可靠，换接精度高。两个工进之间切换由于两者速度都较低，采用电磁阀完全能保证换接精度。

(4) 采用电液换向阀的换向回路，换向时间可调，改善和提高了换向性能，滑台换向平稳性好。

第三节　塑料注射成型机液压系统

一、概述

塑料注射成型机简称注塑机，它是将颗粒状塑料加热熔化成流动状态后，以高压、快速注入模腔，并保压和冷却而凝固成型为塑料制品的加工设备。

1. 注塑机工作循环

（1）合模：动模板快速前移，接近定模板时，液压系统转为低压、慢速控制。在确认模具内没有异物存在时，系统转为高压，使模具闭合。

（2）注射座前移：喷嘴和模具贴紧。

（3）注射：注射螺杆以一定的压力和速度将机筒前端的熔料注入模腔。

（4）保压：注射缸对模腔内熔料进行补塑。

（5）制品冷却及预塑：保压完毕，液压马达驱动螺杆并后退，料斗中加入的物料被前推进行预塑；螺杆后退到预定位置，停止转动，准备下一次注射；在模腔内的制品冷却成型。

（6）防流涎：采用直通开敞式喷嘴时，预塑加料结束，使螺杆后退一小短距离，减小料筒前端的压力，防止喷嘴端部物料的流出。

（7）注射座后退：开模，顶出制品。

（8）顶出缸后退。

2. 注塑机液压系统应满足的要求

根据注塑成型工艺的需要，注塑机液压系统应满足以下要求：

（1）足够的合模力和可调节的开、合模速度。在注射过程中，常以 $4\sim15\mathrm{MPa}$ 的注射压力将塑料熔体射入模腔，为防止塑料制品产生溢边或脱模困难等现象发生，要求具有足够的合模力。空程时要求快速以缩短空程时间，合模时要求慢速以免机器产生冲击振动。

（2）注射座可整体前进与后退。注射座整体由液压缸驱动，除保证在注射时具有足够的推力，使喷嘴与模具浇口紧密接触外，还应按固定加料、前加料和后加料三种不同的预塑形式调节移动速度。

（3）注射的压力和速度可调节。为适应原料、制品几何形状和模具浇口布局的不同及制品质量好坏，注射压力和速度应有相应的变化、调节。

（4）可保压冷却。当熔体注入型腔后，要保压和冷却。在冷却凝固时因有收缩，型腔内需要补充熔体。否则，因充料不足而出现残品。因此，要求液压系统保压，并根据制品要求，可调节保压的压力。

（5）预塑过程可调节。在型腔熔体冷却凝固阶段，使料斗内的塑料颗粒通过料筒内螺杆的回转卷入料筒，连续向喷嘴方向推移，同时加热塑化、搅拌和挤压成为熔体。在注塑成型加工中，通常将料筒每小时塑化的重量（称塑化能力）作为生产能力的指标。当料筒的结构尺寸决定后，随塑料的熔点、流动性和制品的不同，要求螺杆转速可以改变，给预塑过程的塑化能力可以调节。

（6）平稳的制品顶出速度。制品在冷却成型后被顶出。在脱模顶出时，为了防止制品受损，运动要平稳，并能按不同的制品形状对顶出缸的速度进行调解。

该系统的电磁铁动作顺序见表 7-3。

表 7-3　　　　　　　　　　　　电磁铁动作顺序表

动作	电磁铁	1YA	2YA	3YA	4YA	5YA	6YA	7YA	E1	E2	E3
合模	合模							+	+	+	+
	低压保护							+	+		+
	锁紧							+		+	+
注射座前进				+						+	+
注射		+							+	+	+
保压		+								+	+
预塑				+						+	
注射座后退					+					+	+
启模							+		+	+	+
顶出						+				+	
螺杆后退			+							+	+

二、XS-ZY-250A 型注塑机液压系统的工作原理

图 7-3 所示为 XS-ZY-250A 型注塑机的液压系统原理图。

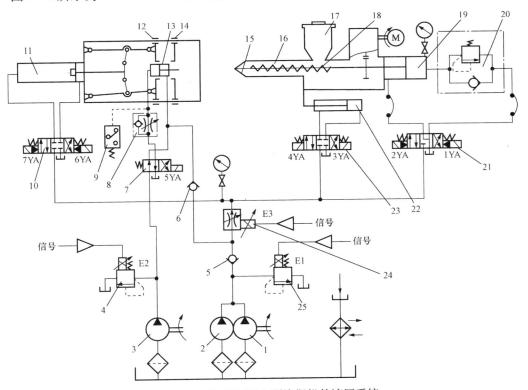

图 7-3　XS-ZY-250A 型注塑机的液压系统

1、2、3—液压泵；4、25—电液比例溢流阀；5、6—单向阀；7、23—电磁换向阀；
8—单向节流阀；9—压力继电器；10、21—电液换向阀；11—合模缸；12—动模板；
13—顶出缸；14—定模板；15—喷嘴；16—料桶；17—料斗；18—螺杆；19—注射缸；
20—单向顺序阀；22—注射座整体移动缸；24—电液比例流量阀

该液压系统由三台液压泵供油，液压泵 3 为高压小流量泵，液压泵 1、2 为双联泵，是低压大流量泵。利用电液比例溢流阀的断电，可以使泵处于卸荷状态，从而可以构成三级流量调节。

液压缸 11 为合模缸，合模缸带动三连杆机构及动模板运动。液压缸 13 是顶出缸，液压缸 22 是注射座整体移动缸，液压缸 19 是推动螺杆的注射缸。电动机 M 通过齿轮减速箱推动螺杆进行预塑。电液比例溢流阀 25、4 分别控制液压泵 1、2 和 3 的工作压力，通过放大器，对启、合模压力、注射座整体移动压力、注射压力、保压压力、顶出压力等实现多种工作压力控制。电液比例流量阀 24 则通过放大器对启、合模速度和注射速度实现无级调速。单向顺序阀 20 用来控制预塑时塑料熔融和混合的程度，防止熔融塑料中混入空气。压力继电器 9 限定顶出缸的最高工作压力，顶出结束发出信号。单向节流阀 8 用于控制顶出缸的速度。下面简要介绍该系统的工作原理。

1. 合模

（1）合模。液压泵 1、2、3 均工作，此时 7YA 通电，阀 10 左位接入回路，液压缸 11 活塞杆右移，同时通过连杆机构驱动动模板 12 右移。给比例电磁铁 E3 输入适当大小的电气信号即可确定比例流量阀的适当开度，于是，来自双泵和单泵的油液汇流即可确定高速区段的可变速度。低速区段的可变速度仅由单泵的流量确定。同样，给比例电磁铁 E1、E2 输入不同的信号，就使双泵和单泵出口得到不同的压力调整值。

（2）低压保护。高压泵 3 卸荷，其输出油液经比例溢流阀 4 返回油箱；低压泵 1、2 供油，低压由比例溢流阀 25 控制。

（3）锁紧。低压泵 1、2 卸荷，其输出油液经比例溢流阀 25 返回油箱；高压泵 3 供油，高压由比例溢流阀 4 控制。

2. 注射座前进

高压泵 3 供油，电磁铁 3YA 通电，阀 23 右位接入回路，此时，液压缸 22 活塞杆左移，带动注射座左移，并使喷嘴靠在动模板上，系统压力由比例溢流阀 4 控制。

3. 注射

液压泵 1、2、3 供油，电磁铁 1YA 通电，阀 21 右位接入回路。此时，液压缸 19 活塞杆左移，推动螺杆 18 左移，在螺杆的前端通过喷嘴 15 把已经熔融的塑料注入模具型腔。注射期间改变比例流量阀的输入信号，即可控制螺杆的前进速度。

4. 保压

低压泵 1、2 卸荷，其输出油液经比例溢流阀 25 返回油箱，高压泵 3 供油，保压压力由比例溢流阀 4 控制。

5. 预塑

高压泵 3 供油，电磁铁 3YA 通电，阀 23 右位接入回油路。

电动机启动，经齿轮减速驱动螺杆旋转，料斗中加入的塑料被前推进行预塑，此时注射座不得后退以保持喷嘴与模具始终接触，故由高压泵 3 保压。同时，注射缸 19 右腔的油液在螺杆反推力的作用下经单向顺序阀 20 的顺序阀→阀 21 中位→油箱。

单向顺序阀 20 作为背压阀，用来控制预塑时塑料的熔融和混合程度，防止熔融塑料中混入空气。

6. 注射座后退

高压泵 3 供油，电磁铁 4YA 通电，阀 23 左位接入回路。此时，液压缸活塞杆右移，带动注射座后退。

7. 启模

液压泵 1、2、3 同时供油，电磁铁 6YA 通电，阀 10 右位接入回路。此时，液压缸活塞杆左移，带动动模板左移。

8. 制品顶出

高压泵 3 供油，电磁铁 5YA 通电，阀 7 右位接入回路。此时，液压缸活塞杆右移，将制品顶出，调节单向节流阀 8 便可控制顶出缸的速度。

9. 螺杆后退

制品顶出后，液压缸 13 左腔压力升高，使压力继电器 9 发出电信号，电磁铁 2YA 通电，阀 21 左位接入回路，此时液压缸活塞杆右移，带动螺杆后退。

三、液压系统的特点

（1）压力和速度的变化较多，利用比例阀进行控制，系统简单。

（2）自动工作循环主要靠行程开关来实现。

（3）在系统保压阶段，多余的油液要经过溢流阀流回油箱，所以有部分能量损耗。

近年来越来越多地采用比例阀和变量泵改进注塑机的液压系统，便于实现远控、程控，提高效率，也为实现计算机控制创造了条件。

第四节　数控加工中心液压传动系统

一、概述

配有一套自动换刀装置的数控机床，也称加工中心。它的控制系统能控制机床自动换刀，连续地按一定顺序对各个加工面自动地完成铣削、镗削、钻孔、攻螺纹等多工序的加工，从而大大缩短机床上零件的装卸时间和更换刀具的时间。加工中心集机、电、液、气、计算机于一体、加工精度高、尺寸稳定性好、生产周期短、自动化程度高，特别适合于零件形状比较复杂、精度要求较高、产品更换频繁的中小批量生产。目前，在加工中心中大多采用了液压传动技术，主要完成机床的各种辅助动作，如刀库选刀、主轴变速、NC 工作台旋转及机械手换刀。现以图 7-4 所示卧式镗铣加工中心的机械手换刀液压系统为例，分析其工作原理及特点。

加工中心在加工零件的过程中，当前道工序完成后需要换刀时，根据数控机床的指令，所需的刀具已处在刀库的预定位置。换刀的动作由双臂机械手来完成，机械手将刀具从刀库中取出并装入主轴中心。换刀的过程如下：机械手抓刀（手臂伸出，同时抓住主轴和刀库里的刀具）→刀具松开和定位（主轴和刀库中预选的刀具松开）→拔刀（机械手同时将主轴和刀库中的刀具拔出）→换刀（手臂旋转 180°，新、旧刀交换）→插刀（将新刀插入主轴，旧刀插入刀库）→刀具的夹紧和松销（主轴及刀库中均夹紧刀具）→机械手复位。

该系统采用限压变量叶片泵和蓄能器联合供油，最高工作压力为 7MPa。溢流阀 4 为安全阀，其调整压力为 8MPa，手动换向阀 5 用来卸荷，过滤器 6 用于回油过滤，当回油压力超过 0.3MPa 时系统报警，此时应更换过滤器的滤芯。

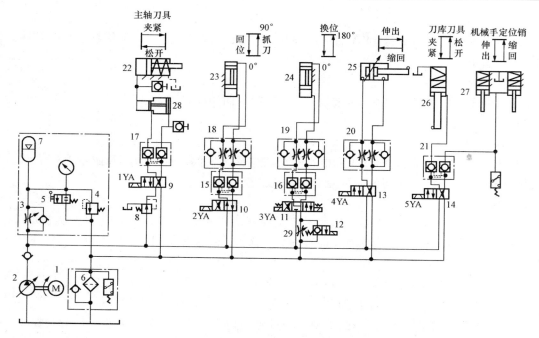

图 7-4 某卧式镗铣加工中心机械手换刀液压系统原理图

1—电动机；2—液压泵；3、18、19、20—单向节流阀；4—溢流阀；5—手动换向阀；6—过滤器；
7—蓄能器；8—减压阀；9～14—电磁换向阀；15、16、17、21—双液控单向阀；
22～27—液压缸；28—增压缸

在阅读和分析液压系统图时，可参阅电磁铁动作顺序表（见表 7-4）。

表 7-4　　　　　　　　　　电 磁 铁 动 作 顺 序 表

电 磁 铁　　　　动 作 名 称	1YA	2YA	3YA	4YA	5YA
机械手抓刀		+			
刀具松开和定位	+				+
机械手拔刀				+	
机械手换刀			+		
机械手插刀				−	
刀具夹紧和松销	−				−
复位		−	−		

二、数控加工中心机械手换刀液压系统工作原理

1. 机械手抓刀

当系统接到换刀信号，2YA 通电，电磁阀 10 左位接入回路。

此时液压缸 23 活塞杆上移，使机械手伸出，同时抓住主轴锥孔中的刀具和刀库预选的刀具。调节双单向节流阀 18 便可调节抓刀和回位的速度，双液控单向阀 15 保证系统失压时机械手的位置不变。

2. 刀具松开和定位

抓刀动作完成后，发出信号，1YA、5YA 通电，电磁阀 9 左位及电磁阀 14 左位均接入回路。

此时，液压缸 22 的左腔的高压油流回增压器，其活塞杆在弹簧力作用下复位，将主轴锥孔中的刀具松开。松开主轴锥孔中刀具的压力可由减压阀 8 调节。

同时，液压油经阀 14 左位及双液控单向阀 21 左单向阀，进入液压缸 26 的下腔，其活塞杆上移，将刀库中预选的刀具松开。

与此同时，液压缸 27 的活塞杆在弹簧力作用下将机械手上两个定位销伸出，卡住机械手上的两个刀具。

3. 机械手拔刀

主轴、刀库上的刀具松开后，发出电信号，4YA 通电，电磁阀 13 左位接入回路。此时，液压缸 25 活塞杆带动机械手伸出，使刀具从主轴锥孔和刀库中拔出。液压缸 25 带有缓冲装置，防止行程终点发生撞击和噪声。

4. 机械手换刀

机械手伸出后，发出电信号，3YA 通电，电磁阀 11 左位接入回路，此时齿条缸 24 活塞上移，使机械手旋转 180°。通过调节双单向节流阀可调节其转位速度，根据刀具重量，由电磁阀 12 可选择快、慢两种换刀速度。

5. 机械手插刀

机械手旋转 180°后，发出电信号，4YA 断电，电磁阀 13 右位接入回路，此时液压缸 25 活塞杆带动机械手缩回，刀具分别插入主轴锥孔和刀库链节中。

6. 刀具夹紧和松销

机械手插刀后，发出电信号，1YA、5YA 断电，电磁阀 9 右位及电磁阀 14 右位均接入回路。此时，增压器 28 的高压油进入液压缸 22 的左腔，其活塞杆伸出，将主轴锥孔中的刀具夹紧。

同时由于电磁阀 14 右位接入回路，双液控单向阀 21 左单向阀打开，液压缸 26 下腔中的压力油流回油箱，在弹簧力作用下其活塞杆伸出，将刀库中的刀具夹紧。

与此同时液压缸 27 下腔进入压力油，活塞杆带动机械手上的定位销缩回，以便机械手复位。

7. 机械手复位

刀具夹紧后，发出电信号，2YA 断电，电磁阀 10 切至右位，液压缸 23 活塞杆下移，带动机械手，使其旋转 90°，回到初始位置。

至此，整个换刀动作结束。

三、数控加工中心机械手换刀液压系统的特点

（1）加工中心中，液压系统承担的辅助工作需要的力较小，一般采用压力在 10MPa 以下的中低压系统，液压系统流量一般在 30L/min 以下。

（2）加工中心在自动循环过程中，各阶段流量需求变化很大，并要求压力基本恒定，因此采用限压式变量泵与蓄能器组成液压源，以减小能量的损失和系统发热，提高机床效率。

（3）加工中心主轴刀具所需夹紧力较大，而液压系统其他部分压力为中低压，采用增压器来满足主轴刀具对夹紧力的要求。

第五节　汽车起重机液压系统

一、概述

汽车起重机是将起重机构装在汽车底盘上的行走式起重机械，其起重作业机构由液压系统驱动，具有操作方便，安全可靠，工作平稳，结构简单，机动灵活等优点，应用十分广泛。如图 7-5 所示，汽车起重机支腿部分架起整车，不使载荷压在轮胎上；起降机构使重物升降；伸缩机构改变吊臂的长度；变幅机构改变吊臂的倾角；回转机构使吊臂回转。

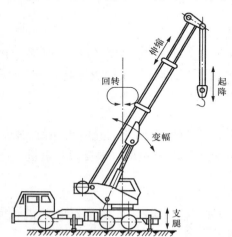

图 7-5　汽车起重机

二、汽车起重机液压系统工作原理

现以 Q2-8 型汽车起重机为例来说明其工作原理。其液压系统如图 7-6 所示。

该液压系统属于中高压系统，用轴向柱塞泵作为动力源，由汽车发动机通过取力箱驱动工作。该系统由支腿收放、转台回转、吊臂伸缩、吊臂变幅和吊重起升五部分组成。

1. 支腿收放回路

手动换向阀 A 切换到左位，前支腿放下，油流路线如下：

进油路：液压泵→手动换向阀 A→液控单向阀 3→前支腿液压缸无杆腔。

回油路：前支腿液压缸无杆腔→液控单向阀 3→手动换向阀 A→手动换向阀 B→手动换向阀 C→手动换向阀 D→手动换向阀 E→手动换向阀

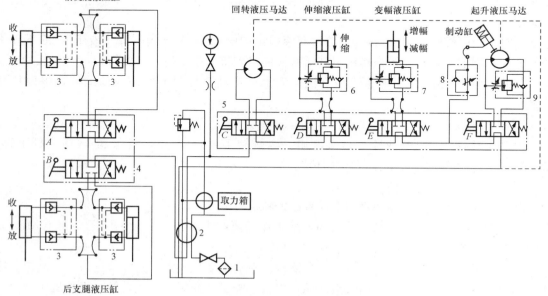

图 7-6　Q2-8 型汽车起重机液压系统

1—过滤器；2—旋转接头；3—液控单向阀；4、5—阀组；6、7、9—平衡阀；8—单向节流阀

F→油箱。

手动换向阀 B 切换到左位，后支腿放下，油流路线如下：

进油路：液压泵→手动换向阀 A→手动换向阀 B→液控单向阀 3→后支腿液压缸无杆腔。

回油路：后支腿液压缸无杆腔→液控单向阀 3→手动换向阀 B→手动换向阀 C→手动换向阀 D→手动换向阀 E→手动换向阀 F→油箱。

2. 转台回转回路

起重机回转回路控制一个液压马达的双向转动，液压马达通过齿轮、蜗杆机构减速，转台可获得 1～3r/min 的低速。马达由手动换向阀 C 控制，油流路线如下：

进油路：液压泵→手动换向阀 A→手动换向阀 B→手动换向阀 C→回转液压马达。

回油路：回转液压马达→手动换向阀 C→手动换向阀 D→手动换向阀 E→手动换向阀 F→油箱。

3. 吊臂伸缩回路

吊臂伸缩液压缸的下腔连接了平衡阀 6，其作用是防止伸缩液压缸及其工作部件在悬空停止期间因自重而自行下滑，或在下行运动中由于自重而造成失控超速的不稳定运动。液压缸上行时，液压油经单向阀通过；液压缸下行时，必须靠上腔进油压力打开顺序阀，而使进油路保持足够压力的前提是液压缸必须缓慢、稳定地下落。手动换向阀 D 右位、中位、左位分别对应吊臂伸出、停止和缩回三种工况。

手动换向阀 D 切换到右位时，吊臂伸出，油流路线如下：

进油路：液压泵→手动换向阀 A→手动换向阀 B→手动换向阀 C→手动换向阀 D→平衡阀 6 的单向阀→伸缩液压缸无杆腔；

回油路：伸缩液压缸有杆腔→手动换向阀 D→手动换向阀 E→手动换向阀 F→油箱。

4. 吊臂变幅回路

吊臂的增幅或减幅动作由手动换向阀 E 控制。其中，平衡阀 7 与伸缩回路中的平衡阀 6 功能相同，使变幅回路工作平稳。其油流路线与吊臂伸缩回路相似。

5. 升降回路

升降回路是控制一个大转矩液压马达，用以带动绞车完成重物的提升和下落。液压马达的正、反转由手动换向阀 F 控制。平衡阀 9 的作用是防止重物因自重下滑。由于液压马达的泄漏比液压缸大得多，当负载吊在空中时，即使油路中设有平衡阀，仍有可能产生"溜车"现象。为此，在大液压马达上设有制动缸，以便在马达停转时，用制动器锁住起升液压马达。单向节流阀 8 使制动器迅速抱闸，滞后松闸。紧闸快是为了使马达迅速制动，重物迅速停止下落；而松闸慢是为了避免当负载在半空中再次起升时，将液压马达拖动反转而产生滑降现象。制动缸与回油接通，靠弹簧力使起重机制动，只有当起升换向阀工作、马达转动的情况下，制动器液压缸才将制动瓦块松开。

三、液压系统的工作特点

（1）系统中采用了平衡回路、锁紧回路和制动回路，能保证起重机工作可靠、操作安全。

（2）采用三位四通手动换向阀，不仅可以灵活方便地控制换向动作，还可以通过手柄操纵来控制流量，以实现节流调速。在起升过程时，将此节流调速方法与控制发动机转速的方法结合使用，可以实现各工作部件微速动作。

（3）各换向阀串联组合，不仅各机构的动作可以独立进行，在轻载时也可实现起升和回转复合动作，以提高工作效率。

（4）各换向阀处于中位时系统即卸荷，能减少功率损耗，适于起重机的间歇性工作。

本 章 小 结

本章通过对几个典型液压系统的分析和学习，介绍各种液压系统的工作性能和特点，主要掌握液压系统的分析方法和步骤，加深理解基本回路及各种液压元件的功用。

（1）数控车床液压系统通过电磁阀和 PLC 控制实现转动和多个直线运动。

（2）组合机床动力滑台液压系统以速度变换为主要特点，是一个典型的较大流量、中低压、采用容积节流调速回路，可以实现"快进→一工进→二工进→快退→停止"的工作循环。

（3）塑料注射成型机的压力和速度变化较多，利用比例阀进行控制，自动工作循环主要靠行程开关来实现。

（4）数控加工中心机械手换刀系统，采用限压式变量泵和蓄能器联合供油，降低能量损失，压力基本恒定。

（5）汽车起重机液压系统利用平衡回路、锁紧回路和制动回路确保起重机工作可靠、操作安全。

复 习 思 考 题

分析和阅读较复杂的液压系统图，大致可按哪些步骤进行？

习　　　题

7-1　图 7-7 所示为实现"快进→一工进→二工进→快退→停止"工作循环的液压系统。试填写电磁铁的动作顺序表。

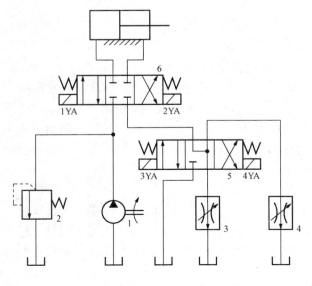

电磁铁动作顺序表

动作	1YA	2YA	3YA	4YA
快进				
一工进				
二工进				
快退				
停止				

图 7-7　题 7-1 图

7-2 试分析如图7-8所示的多缸顺序专用铣床液压系统是如何实现其工作循环的。

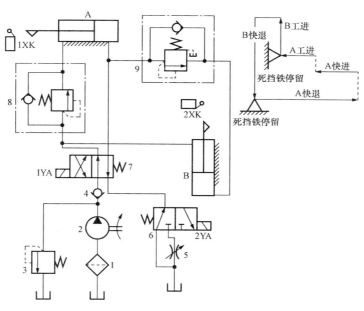

图7-8 题7-2图

第八章　液压系统的安装、使用及维护

液压系统的工作效果，与其安装、调试、维护、使用等环节有着重要关系，如何科学、合理、正确地使用液压系统，对液压系统能否充分发挥其工作效益，减少故障发生，延长液压系统的使用寿命有着直接关系。

第一节　液压系统的安装及调试

一、液压系统的安装

液压系统由各液压元件经管道、管接头和油路（板或集成块）等连接而成。因此，液压系统安装是否正确合理，对其工作性能有着重要影响。

1. 安装前的准备工作和要求

液压系统的安装应按液压系统工作原理图，系统管道连接图，有关的泵、阀、辅助元件使用说明书的要求进行。安装前应对上述资料进行仔细分析，了解工作原理，元件、部件、辅件的结构和安装使用方法等，按图样准备好所需的液压元件、部件、辅件。同时，要进行认真检查元件是否完好、灵活，仪器仪表是否灵敏、准确、可靠，密封件型号是否合乎图样要求和完好。另外，管件应符合要求，有缺陷应及时更换，油管应清洗、干燥。

2. 液压元件的安装与要求

（1）安装各种泵和阀时，必须注意各油口的位置不能接错，各接口要紧固，密封要可靠，不得漏油。

（2）液压泵输入轴与电动机驱动轴的同轴度应控制在 $\phi 0.1\text{mm}$ 以内。安装之后，用手转动，应轻松无卡滞现象。

（3）液压缸安装时，应使活塞杆（或柱塞）的轴线与运动部件导轨面平行度控制在 0.1mm 以内。安装好后，用手推拉工作台时，应灵活轻便无局部卡滞现象。

（4）方向阀一般应保持水平安装，蓄能器一般应保持轴线竖直安装。

（5）各种仪表的安装位置应考虑便于观察和维修。

（6）阀件安装前后应检查各控制阀移动或转动是否灵活，若出现卡滞现象，应查明是否由于脏物、锈斑、平直度不好或紧固螺钉扭紧力不均衡使阀体变形等引起的。若是由以上原因引起的，则应通过清洗、研磨、调整加以消除；若不符合要求应及时更换。

3. 液压管道的安装与要求

液压管道安装一般在所连接设备及液压元件安装完毕后进行，在管道正式安装前要进行配管试装。试装合适后，先编管号再将其拆下，以管道最高工作压力的 1.5～2 倍的试验压力进行耐压试验。试压合格后，用温度为 40～60℃ 的 10%～20% 的稀硫酸或稀盐酸溶液酸洗。取出后再用 30～40℃ 的苏打水中和。最后，用温水清洗，干燥，涂油，即可转入正式安装。管道安装应注意以下几个方面：

（1）管道的布置要整齐，管路走向应平直、距离短，直角转弯应尽量少，同时应便于拆装、检修。各平行与交叉的油管间距离应大于 10mm，长管道应用支架固定。各油管接头要固紧可靠，密封良好，不得出现泄漏。

（2）吸油管与液压泵吸油口处应涂以密封胶，保证良好的密封；液压泵的吸油高度一般不大于 500mm；吸油管路上应设置过滤器，过滤精度为 0.1～0.2mm，要有足够的通油能力。

（3）回油管应插入油面以下有足够的深度，以防飞溅形成气泡，伸入油中的一端管口应切成 45°，且斜口向箱壁一侧，使回油平稳，便于散热；凡外部有泄油口的阀（如减压阀、顺序阀等），其泄油路不应有背压，应单独设置泄油管通油箱。

（4）溢流阀的回油管口与液压泵的吸油管不能靠得太近，以免吸入温度较高的油液。

二、液压系统的调试

新设备及修理后的液压设备，在安装、清洗和精度检验合格后，必须进行调试才能投入使用。

1. 空载调试

空载调试的目的是全面检查液压系统各回路、各液压元件工作是否正常，工作循环或各种动作的自动转换是否符合要求。调试步骤如下：

（1）启动液压泵，检查泵在卸荷状态下的运转。正常后，即可使其在工作状态下运转。

（2）调整系统压力，在调整溢流阀压力时，从压力为零开始，逐步提高压力，使之达到规定压力值。

（3）调整流量控制阀，先逐步关小流量阀，检查执行元件能否达到规定的最低速度及平稳性，然后按其工作要求的速度来调整。

（4）将排气装置打开，使运动部件速度由低到高，行程由小至大运行，然后运动部件全程快速往复运动，以排出系统中的空气，空气排尽后应将排气装置关闭。

（5）调整自动工作循环和顺序动作，检查各动作的协调性和顺序动作的正确性。

（6）各工作部件在空载条件下，按预定的工作循环或工作顺序连续运转 2～4h 后，应检查油温及液压系统所要求的精度（如换向、定位、停留等），一切正常后，方可进入负载调试。

2. 负载试车

负载试车是使液压系统在规定的负载条件下运转，进一步检查系统的运行质量和存在的问题，检查机器的工作情况，安全保护装置的工作效果，有无噪声、振动、外泄漏等现象，系统的功率损耗和油液温升等。

负载试车时，一般应先在低于最大负载和速度的情况下试车，如果轻载试车一切正常，才逐渐将压力阀和流量阀调节到规定值，以进行最大负载和速度试车，以免试车时损坏设备。若系统工作正常，即可投入使用。

第二节　液压系统的使用及维护

一、液压油的污染与防护

实践表明，液压系统 75% 以上的故障都与液压油受到污染有关，因此，控制液压油的污染显得非常重要，应当引起使用人员的充分重视。

1. 液压油被污染的原因

液压油被污染的原因主要有以下几方面：

（1）系统内部固有的残留污染物。如元件加工和系统组装中残留的切屑、磨料、焊渣、锈片、灰尘等，在系统使用前未被冲洗干净，使之进入到液压油中。

（2）外界侵入系统的污染物。如外界的灰尘、砂粒等，通过往复伸缩的活塞杆、油箱的通气孔等进入液压油中。另外在检修时，稍不注意也会使灰尘、棉绒等进入液压油里。

（3）系统内部也在不断地产生污染物而直接进入液压油中。如金属和密封材料的磨损颗粒、过滤材料脱落的颗粒或纤维、油液氧化分解而生成的有害化合物等。

2. 液压油受污染的危害

液压油中的固体颗粒危害最大，当液压油污染严重时，污垢中的颗粒进入到元件里，会使元件磨损加剧，并可能堵塞液压元件里的节流孔、阻尼孔，或使阀芯阻滞或卡死，从而造成液压系统出现故障，使元件寿命缩短。

另外，水分的混入会腐蚀元件、降低黏度、使油液变质等，而空气的混入则会引起系统产生气穴、气蚀、振动、噪声、响应变坏或爬行等后果。

因此，合理有效控制油液的污染成为保证设备正常运行的当务之急。

3. 防止污染的措施

造成液压油污染的原因多而复杂，液压油自身又在不断地产生脏物，因此要彻底解决液压油的污染问题是很困难的。为了延长液压元件的寿命，保证液压系统可靠地工作，将液压油的污染度（单位体积油液中固体颗粒污染物的含量）控制在某一限度以内，是较为切实可行的办法。

对液压油的污染控制工作主要是从两个方面着手：一是防止污染物侵入液压系统；二是把已经侵入的、内部固有的或内部产生的污染物从系统中清除出去。污染控制必须贯穿于整个液压装置的设计、制造、安装、使用、维护、修理等各个阶段。而做到"超前维护"，即在液压系统未发生故障之前，定期检查油液清洁度的变化，及时清除油液污染隐患，防患于未然，能够最大限度地降低液压设备的故障发生率。

为防止油液污染，在实际工作中常采取以下措施：

（1）对新油进行过滤净化。一般认为，新购进的液压油是清洁的。其实不然，新油在炼制、分类、运输、储存等过程中都会受到外界污染。国内外调查结果表明，大部分未经过滤净化的新油的污染度常常超过规定要求。所以新买来的液压油必须静放数天，经过滤净化后方可使用。

（2）使液压系统在装配后、运转前保持清洁。液压元件在加工和装配过程中必须清洗干净，系统在组装后、运转前应进行全面彻底的清洗。

（3）使液压油在工作中保持清洁。液压系统应保持严格的密封，防止空气、水分和各种固体颗粒的侵入。可采用密封油箱，在通气孔上装设空气滤清器等方法，并经常检查、定期更换密封件和蓄能器中的胶囊。

（4）及时更换液压油。液压系统油液的更换一般采用以下方式：

1）定期更换。一般每隔 2000～4000h 换一次油。

2）观察油样靠经验判断是否换油。表 8-1 中列举了一些根据外观和气味对液压油污染程度进行判别与处理的方法。

表 8 - 1　　　　　　　　　　　　液压油污染程度的判别与处理方法

外　观	气　味	状　态	处　理　方　法
颜色透明	正常	良	照常使用
透明但颜色变淡	正常	混入别种油液	检查黏度，若符合要求可继续使用
变成乳白色	正常	混入空气和水	分离除掉水分，或半或全换油
变成黑褐色	有臭味	氧化变质	全部换油
透明而有小黑点	正常	混入杂质	过滤后使用或换油
透明而闪光	正常	混入金属粉末	过滤或换油

3）按照规定的换油性能指标，根据化验结果，科学地确定是否换油。目前，我国还没有统一的换油指标，可参考各工业部根据实际情况制定的换油指标。更换新油前，油箱必须先清洗一次。

（5）采用合适的滤油器，对一些重要的回路采用高精度过滤器，并定期检查和清洗滤油器。

（6）控制液压油的工作温度。液压油的工作温度过高不但对液压装置不利，而且也会加速液压油的老化变质，缩短其使用期限。一般地，液压系统的工作温度最好控制在 65℃ 以下，机床液压系统则应控制在 55℃ 以下。

二、液压系统的使用注意事项

在实际工作中，除了必须采取各种措施控制油液的污染外，还应注意以下事项：

（1）液面。必须经常检查液面并及时补油。

（2）过滤器。对于不带堵塞指示器的过滤器，一般每隔 1～6 个月更换一次。对于带堵塞指示器的过滤器，要不断监视。

（3）蓄能器。只允许向充气式蓄能器中充入氮气。

（4）调整。所有压力控制阀、流量控制阀、泵调节器及压力继电器、行程开关、热继电器之类的信号装置，都要进行定期检查、调整。

（5）冷却器。冷却器的积垢要定期清理。

（6）设备若长期不用，应将各调节旋钮全部放松，防止弹簧产生永久变形而影响元件的性能。

（7）其他检查。提高警惕并密切注意细节，可以早发现事故苗头，防止酿成大祸。在最初投入运动的时候尤其如此。应该始终注意外泄漏、污染物、元器件损坏及来自泵、联轴器等的异常噪声。

三、液压系统的维护保养

优质的液压系统是针对无故障使用寿命长而设计的，它仅需要很少的维护。但是这少量的维护对于得到无故障工作来说却是非常重要的。对液压系统的维护保养应分三个阶段。

（1）日常检查。也称点检，是减少液压系统故障最重要的环节，主要是操作者在使用中经常通过目视、耳听、手触等比较简单的方法，在泵启动前、启动后和停止运转前检查油量、油温、油质、压力、泄漏、噪声、振动等情况。出现不正常现象应停机检查原因，及时排除。

（2）定期检查。也称定检，为保证液压系统正常工作提高其寿命与可靠性，必须进行定期检查，以便早日发现潜在的故障，及时进行修复和排除。定期检查的内容包括调整日常检查中发现而又未及时排除的异常现象，潜在的故障预兆，并查明原因给予排除。对规定必须定期维修的基础部件，应认真检查加以保养，对需要维修的部位，必要时分解检修。定期检查的时间一般与滤油器检修间隔时间相同，约三个月。

（3）综合检查。综合检查大约每年一次，其主要内容是检查液压装置的各元件和部件，判断其性能和寿命，并对产生的故障进行检修或更换元件。

四、液压系统的故障排除

在使用液压设备时，液压系统可能会出现各种各样的故障现象，而产生故障的原因也是多方面的。这些故障有的是由某一元件失灵而引起的，有的是系统中多个液压元件的综合性因素造成的，有的是因为液压油被污染造成的。即使是同一个故障现象，产生故障的原因也有可能不一样。而且液压传动是在封闭情况下进行工作的，不能从外部直接观察。因此，系统出现故障时，要寻找故障产生的原因是有一定难度的，必须对引起故障的因素逐一分析，注意其内在的联系，认真分析故障内部规律，找出矛盾，掌握正确的方法，做到准确的判断，确定排除方法。

在确定液压系统故障部位和产生故障的原因之后，应本着先外后内、先调后拆、先洗后修的原则，制定出修理工作的具体措施。液压系统常见故障、原因及排除方法可参见附录Ⅰ。

本　章　小　结

生产中正确安装与调试液压系统，并合理地使用和维护液压设备，对于保证液压设备实现无故障工作来说至关重要，因此，液压系统应有计划地进行检修、定期检查。

液压系统产生故障的原因是多方面的，寻找故障产生的原因有一定的难度，这取决于对液压系统基本知识的理解及实践经验的积累。

复　习　思　考　题

8-1　安装及调试液压系统时应注意哪些事项?

8-2　液压系统使用时应注意哪些事项?

8-3　液压油被污染的原因主要有哪几方面? 如何防止?

8-4　对液压系统进行点检和定检有何意义?

第九章　液压伺服系统

第一节　概　　述

伺服系统又称随机系统或跟踪系统，是一种自动控制系统。在这种系统中，执行元件能以一定的精度自动按照输入信号的变化规律动作。液压伺服系统是以液压为动力的自动控制系统，由液压控制和执行机构所组成。

一、液压伺服系统的工作原理

图 9-1 所示为一简单机液位置伺服系统的原理图。它是具有机械反馈的节流型阀控缸伺服系统，其输入量（输入位移）为伺服滑阀阀芯 3 的位移 x_i，输出量（输出位移）为液压缸的位移 x_o，阀口 a、b 的开口量为 x_v。图 9-1 中，液压泵 2 和溢流阀 1 构成恒压油源；滑阀的阀体 4 与液压缸固连成一体，组成液压伺服拖动装置。

当伺服滑阀处于中间位置（$x_v=0$）时，各阀口均关闭，阀没有流量输出，液压缸不动，系统处于静止状态。给伺服滑阀阀芯一个输入位移 x_i，阀口 a、b 便有一个相应的开口量 x_v，使压力油经阀口 b 进入液压缸的右腔，其左腔油液经阀口 a 回油池，液压缸在液压力的作用下右移 x_o，由于滑阀阀体与液压缸体固连在一起，因而阀体也右移 x_o，则阀口 a、b 的开口量减小（$x_v=x_i-x_o$），直到 $x_o=x_i$ 时，$x_v=0$，阀口关闭，液压缸停止运动，从而完成液压缸输出位移对伺服滑阀输入位移的跟随运动。若伺服滑阀反向运动，液压缸也做反向跟随运动。由上述内容可知，只要给伺服滑阀以某一规律的输入信号，执行元件就自动、准确地跟随滑阀按照这个规律运动。

由此可以看出，液压伺服系统具有以下特点：

（1）跟踪。系统的输出量能够自动、快速而准确地跟踪输入量的变化规律。

（2）放大。移动阀芯所需的力很小，只需要几牛顿到几十牛顿；但液压缸输出的力却很大，可达数千到数万牛顿。功率放大所需的能量是由液压泵供给的。

（3）反馈。把输出量的一部分或全部按一定方式回送到输入端，和输入信号作比较，这就是反馈。回送的信号称为反馈信号。若反馈信号不断地抵消输入信号的作用，则称为负反馈。负反馈是自动控制系统具有的主要特征。如图 9-1 所示系统的负反馈是通过阀体和缸体的刚性连接来实现的，液压缸的输出

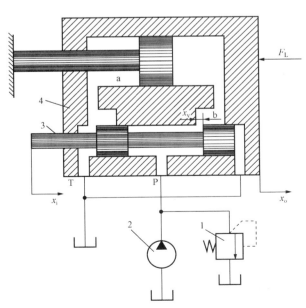

图 9-1　机液位置伺服系统原理图
1—溢流阀；2—泵；3—阀芯；4—阀体（缸体）

位移 x_o 连续不断地回送到阀体上，与阀芯的输入位移 x 相比较，其结果使阀的开口减小。此例中的反馈是一种机械反馈。反馈还可以是电气的、气动的、液压的或是它们的组合形式。

（4）偏差。输入信号与反馈信号的差值称为偏差。如图 9-1 所示系统的偏差就是滑阀的开口量 x_v，$x_v = x_i - x_o$。只要有 x_v 存在，液压缸就运动，直至缸体的输出位移与阀芯的输入位移一致为止。此时，$x_i = x_o$，$x_v = 0$。

综上所述，液压伺服控制的基本原理是：利用反馈信号与输入信号相比较得到偏差信号，该偏差信号控制液压能源输入到系统的能量，使系统向着减小偏差的方向变化，直至偏差等于零或足够小，从而使系统的实际输出与希望值相符。

液压伺服系统的工作原理可以用方块图来表示，如图 9-2 所示。因为系统有反馈，方框图自行封闭，形成闭环。所以，液压伺服系统是一种闭环控制系统，从而能够实现高精度控制。

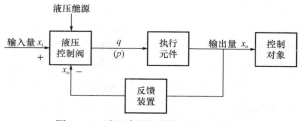

图 9-2　液压伺服系统工作原理方块图

二、液压伺服系统的分类

液压伺服系统可以从不同的角度加以分类。

（1）按输出的物理量分类，可分为位置伺服系统、速度伺服系统、力（或压力）伺服系统等。

（2）按控制信号分类，可分为机液伺服系统、电液伺服系统、气液伺服系统。

（3）按控制元件分类，可分为阀控系统和泵控系统两大类。在机械设备中以阀控系统应用较多。

液压伺服系统除具有液压传动所固有的一系列优点外，还具有承载能力大、控制精度高、响应速度快、自动化程度高、体积小、重量轻等优点。但是，液压伺服元件加工精度高，价格较贵；对油液的污染较敏感，可靠性受到影响；在小功率系统中，液压伺服控制不如电子线路控制灵活。随着科学技术的发展，液压伺服系统的缺点将不断得到克服。在自动化技术领域，液压伺服控制有着广泛的应用前景。

第二节　液压伺服系统的基本形式

一、阀控缸式液压伺服系统

1. 滑阀式液压伺服系统

滑阀式液压伺服系统的典型结构和工作原理在前面已介绍（见图 9-1）。根据滑阀上的控制边数（即起作用的阀口数）的不同，这种系统又分为单边滑阀控制式、双边滑阀控制式和四边滑阀控制式三种，如图 9-3 所示（图中未画出反馈联系）。

图 9-3（a）所示为单边滑阀控制式系统。它有一个控制边。当控制边的开口量 x_s 改变时，进入液压缸的油液压力和流量都发生变化（受到控制），从而改变了液压缸运动的速度和方向。

图 9-3（b）所示为双边滑阀控制式系统。它有两个控制边。压力油一路进入液压缸左

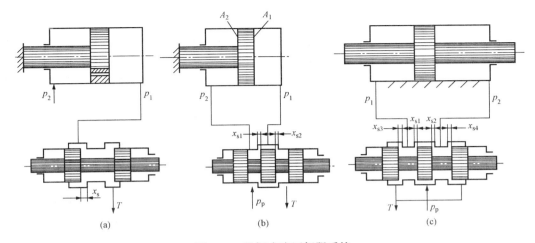

图 9-3　滑阀式液压伺服系统

（a）单边滑阀控制式；（b）双边滑阀控制式；（c）四边滑阀控制式

腔，另一路则一部分经滑阀控制边 x_{s1} 的开口进入液压缸右腔，一部分经控制边 x_{s2} 的开口流回油箱。当滑阀移动时，x_{s1} 和 x_{s2} 此增彼减，使液压缸右腔回油阻力发生变化（受到控制），因而改变了液压缸的运动速度和方向。

图 9-3（c）所示为四边滑阀控制式系统。它有四个控制边。x_{s1} 和 x_{s2} 是控制压力油进入液压缸左、右油腔的，x_{s3} 和 x_{s4} 是控制左、右油腔通向油箱的。当滑阀移动时，x_{s1} 和 x_{s3}、x_{s2} 和 x_{s4} 两两此增彼减，使进入左、右腔的油液压力和流量发生变化（受到控制），从而控制了液压缸的运动速度和方向。

由上可知，单边、双边和四边滑阀的控制作用是相同的，均起到换向和节流作用。控制边数越多，控制质量越好，制造越困难。通常情况下，四边滑阀多用于精度要求较高的系统，单边、双边滑阀用于一般精度系统。

滑阀在初始平衡的状态下，阀的开口有负开口（$x_s < 0$）、零开口（$x_s = 0$）和正开口（$x_s > 0$）三种形式，如图 9-4 所示。具有零开口的滑阀，其工作精度最高；负开口有较大的不灵敏区，较少采用；具有正开口的滑阀，工作精度较负开口高，但功率损耗大，稳定性也较差。

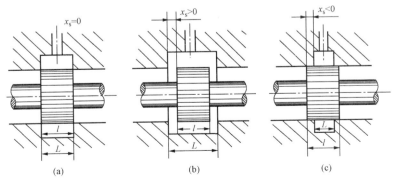

图 9-4　滑阀的三种开口形式

（a）零开口；（b）正开口；（c）负开口

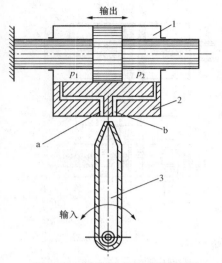

图 9-5　射流管式液压伺服系统
1—液压缸；2—接受板；3—射流管

2. 射流管式液压伺服系统

这种伺服系统的工作原理如图 9-5 所示。它由液压缸 1、接受板 2 和射流管 3 组成。射流管可绕垂直图面的轴线向左、右摆动一个不大的角度。接受板上有两个并列着的接受孔道 a 和 b，把射流管端部锥形喷嘴中射出的压力油，分别通向液压缸的左、右两腔，使之产生向右或向左的运动。当射流管处于两个接受孔道的中间对称位置时，两个接受孔道内油液相等，液压缸不动。若有输入信号作用在射流管上使它偏转时，例如向左偏转一个很小的角度时，两个接受孔道内的压力便不再相等，这时液压缸左腔的压力就会大于右腔，液压缸便向着射流管偏转的方向（这时是向左）移动，直到跟着液压缸移动的接受板到达射流孔又处于两孔道中间对称位置时为止。由此可见，在这种伺服系统中，液压缸的运动方向取决于输入信号的方向，运动速度取决于输入信号的大小。

射流管式伺服系统的优点如下：结构简单，元件加工精度低；射流管出口处面积大，抗污染能力强，能在恶劣的工作条件下工作；射流管上没有不平衡的径向力，不会产生"卡紧"现象。其缺点是：射流管运动部分的惯量较大，工作性能较差；射流管能量损失大，即使在零位处无功耗损也大，效率较低；当供油压力高时容易引起振动；此外，沿射流管轴线有较大的轴向力。因此，射流管式伺服系统只适用于低压和功率较小的场合，例如某些液压仿形机床的伺服系统。

二、阀控马达式液压系统

这种伺服系统的工作原理如图 9-6 所示。它由液压马达 1、联轴节 2、阀套 3 和回转式控制阀芯 4 组成。当阀芯得到输入信号而沿顺时针方向转过角度 θ 时，阀芯和阀套间的阀口便会打开，压力油经阀口 d 和 h 沿图中箭头方向进入液压马达的一腔；液压马达另一腔的油通过阀口 b 和 f 与回油接通，于是液压马达的输出轴也沿顺时针方向转动。由于阀套通过联轴节与液压马达的输出轴相连，故两者一起转动，阀套在转过 θ 角后把阀口 b、d、f、h 关闭，液压马达便停止转动。由此可见，液压马达是跟随控制阀芯运动的，前者运动速度的大小和方向由后者

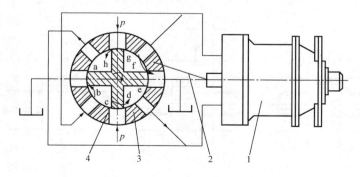

图 9-6　阀控马达式液压系统
1—液压马达；2—联轴节；3—阀套；4—阀芯

来决定。在阀控马达式液压系统中，用较小的转矩控制阀芯，就可以使液压马达输出很大的转矩，从而起到放大转矩的作用，因此也把它称为液压转矩放大器。阀控马达式液压系统常用于数控机床的进给系统。

三、喷嘴挡板阀

喷嘴挡板阀有单喷嘴式和双喷嘴式两种，两者的工作原理基本相同。图 9-7 所示为双喷嘴挡板阀的工作原理，它主要由挡板 1、喷嘴 2 和 3、固定节流小孔 4 和 5 等元件构成。挡板和两个喷嘴之间形成两个可变截面的节流缝隙 δ_1 和 δ_2。当挡板处于中间位置时，两缝隙所形成的节流阻力相等，两喷嘴腔内的油液压力则相等，即 $p_1 = p_2$，液压缸不动。压力油经孔道 4 和 5、缝隙 δ_1 和 δ_2 流回油箱。当输入信号使挡板向左偏转时，可变缝隙 δ_1 关小，δ_2 开大，p_1 上升，p_2 下降，液压缸缸体向左移动。由于负反馈的作用，当喷嘴跟随缸体移动到挡板两边对称位置时，液压缸停止运动。

喷嘴挡板阀的优点是结构简单，加工方便，运动部件惯性小，反应快，精度和灵敏度高；缺点是无功损耗大，抗污染能力较差。喷嘴挡板阀常用作多级放大伺服控制元件中的前置级。

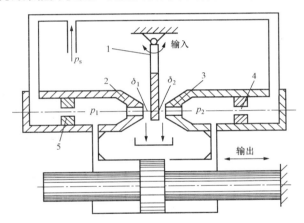

图 9-7　双喷嘴挡板阀的工作原理
1—挡板；2、3—喷嘴；4、5—节流小孔

第三节　电液伺服阀

电液伺服阀既是电液转换元件，也是功率放大元件。它按照微小功率的电输入信号，为系统液压执行元件提供相应的、具有强大功率的液压信号（流量、压力），使执行元件跟随输入信号而动作。电液伺服阀具有体积小、结构紧凑、放大系数高、控制性能好等优点，已广泛应用于电液位置、速度、加速度、力伺服系统中。

电液伺服阀工作原理见图 9-8，它由力矩马达、喷嘴挡板式液压前置放大级和四边滑阀功率放大级等三部分组成。下面分别加以介绍。

一、力矩马达

力矩马达把输入的电信号转换为力矩输出。它是由一对永久磁铁 1、导磁铁 2 和 4、衔铁 3、弹簧管 11 和线圈 12 组成的。其工作原理是永久磁铁将两块导磁体磁化为 N、S 极。当控制电流通过线圈 12 时，衔铁 3 被磁化。若通入的电流使衔铁左端为 N 极，右端为 S 极，根据磁

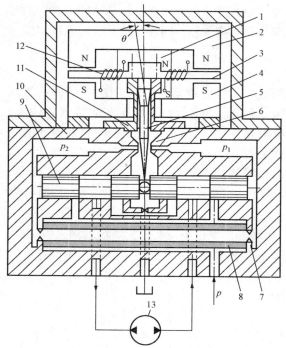

图 9-8　电液伺服阀的工作原理

1—永久磁铁；2、4—导磁体；3—衔铁；5—挡板；
6—喷嘴；7—固定节流口；8—滤油器；9—滑阀；
10—阀体；11—弹簧管；12—线圈；13—液压马达

极间同性相斥、异性相吸的原理，衔铁向逆时针方向偏转 θ 角。衔铁由固定在阀体 10 上的弹簧管 11 支撑，这时弹簧管弯曲变形，产生一反力矩作用在衔铁上。由于电磁力与输入电流值成正比，弹簧管的弹性力矩又与其转角成正比，因此，衔铁的转角与输入电流的大小成正比。电流越大，衔铁偏转的角度也越大。电流反向输入时，衔铁也反向偏转。

二、前置放大级

力矩马达产生的力矩很小，不能直接用来驱动四边控制滑阀，必须先进行放大。前置放大级由挡板 5（与衔铁固连在一起）、喷嘴 6、固定节流口 7 和滤油器 8 组成。工作原理：力矩马达使衔铁偏转，挡板 5 也一起偏转。挡板偏离中间对称位置后，喷嘴腔内的油液压力 p_1、p_2 发生变化。若衔铁带动挡板逆时针偏转时，挡板的节流间隙右侧减小，左侧增大，于是，压力 p_1 增大，p_2 减小，滑阀 9 在压力差的作用下向左移动。

三、功率放大级

功率放大级由滑阀 9 和阀体 10 组成。其作用是将前置放大级输入的滑阀位移信号进一步放大，实现控制功率的转换和放大。工作原理：当电流使衔铁和挡板做逆时针方向偏转时，滑阀受压差作用而向左移动，这时油源的压力油从滑阀左侧通道进入液压马达 13，回油经滑阀右侧通道、中间空腔流回油箱，使液压马达 13 旋转。与此同时，随着滑阀向左移动，使挡板在两喷嘴的偏移量减小，实现了反馈作用，当这种反馈作用使挡板又恢复到中位时，滑阀受力平衡而停止在一个新的位置不动，并有相应的流量输出。

由上述分析可知，滑阀阀芯的位置是由反馈杆组的件弹性变形力反馈到衔铁上与电磁力平衡而决定的，所以也将此阀称为力反馈式电液伺服阀，其工作原理如图 9-9 所示。

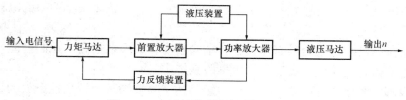

图 9-9　力反馈式电液伺服阀方框图

第四节　液压伺服系统应用举例

机械手应能按要求完成一系列动作，包括伸缩、回转、升降、手腕动作等。现以其伸缩运动伺服系统为例来说明电液伺服系统的应用。

图 9-10 所示为机械手手臂伸缩运动的电液伺服系统原理图。该系统主要由电放大器 1、电液伺服阀 2、液压缸 3、机械手手臂 4、齿轮齿条机构 5、电位器 6 和步进电动机 7 等元件组成。指令信号由步进电动机发出。步进电动机将数控装置发出的脉冲信号转换成角位移，其输出转角与输入脉冲数成正比，输出转速与输入脉冲频率成正比。步进电动机的输出轴与电位器的动触头相连接。电位器输出的微弱电压经放大器放大后产生相应的信号电流控制电液伺服阀，从而推动液压缸产生相应的位移。其位移又通过齿条带动齿轮转动。由于电位器固定在齿轮上，因此最终又使触头回到中位，从而控制机械手的伸缩运动。其具体工作过程如下：

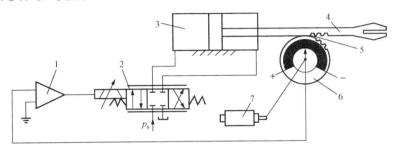

图 9-10 机械手手臂伸缩运动电液伺服系统原理图
1—电放大器；2—电液伺服阀；3—液压缸；4—机械手手臂；
5—齿轮齿条机构；6—电位器；7—步进电机

数控装置发出一定数量的脉冲，步进电动机带动电位器的动触头转动。假设此时顺时针转过一定的角度 β，这时电位器输出电压为 U，经放大器放大后输出电流 I，使电液伺服阀产生一定的开口量。这时，电液伺服阀处于左位，压力油进入液压缸左腔，活塞杆右移，带动机械手手臂右移，液压缸右腔的油液经电液伺服阀返回油箱。此时，机械手手臂上的齿条带动齿轮也顺时针移动，当转动角度 $\alpha=\beta$ 时，动触头回到电位器的中位，电位器输出电压为零，相应放大器输出电流为零，电液伺服阀回到中位，液压油路被封锁，手臂即停止运动。当数控装置发出反向脉冲时，步进电动机逆时针方向转动，机械手手臂缩回。

其工作原理如图 9-11 所示。在此系统中，输入信号为步进电动机的转角 β；输出信号为液压缸的位移，即机械手的位移 y；反馈信号为齿轮的转角 α；偏差信号为电位器的输出电压 U，$U=K(\beta-\alpha)$，其中，K 为电位器的增益。当齿轮转角 α 与步进电动机转角 β 相等时，偏差信号为零，系统停止运动。

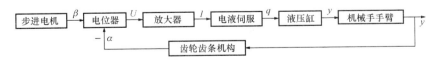

图 9-11 机械手手臂伸缩运动伺服系统方框图

本 章 小 结

（1）液压伺服系统是以液压为动力的自动控制系统，它可以利用反馈信号与输入信号相比较得到偏差信号，来控制液压能源的输入，使系统向着减小偏差的方向变化。

（2）液压伺服系统的基本形式：阀控缸式液压伺服系统（滑阀式、射流管式）、阀控马达式液压系统、喷嘴挡板阀。

（3）电液伺服阀既是电液转换元件，又是功率放大元件。它将输入的微小电信号转为大功率的液压信号输出，由力矩马达、喷嘴挡板式液压前置放大级和四边滑阀功率放大级三部分组成。

复习思考题

9-1 何谓液压伺服系统？试以电液伺服阀为例说明其特点，并用方框图表示出系统中各部分的相互作用。

9-2 液压伺服系统有哪些基本类型？它们各有何优缺点？

9-3 滑阀式伺服阀在初始平衡状态下有几种开口形式？各有何特点？

9-4 试比较单边、双边和四边三种滑阀各有何特点？分别适用于何种场合？

9-5 阀控马达式液压伺服系统的工作原理是什么？分别适用于何种场合？

9-6 电液伺服阀是由几部分组成的？其结构原理是什么？什么叫力反馈？力反馈是通过何种元件，如何实现的？

习   题

9-1 图9-12所示为大型机床工作台的手摇液压伺服机构，1为驱动工作台的液压缸；2为控制滑阀的内套，空套在丝杠4上；3为螺母，可以通过齿轮用手摇动；5为手轮。进出油路如图所示，试分析其工作原理。

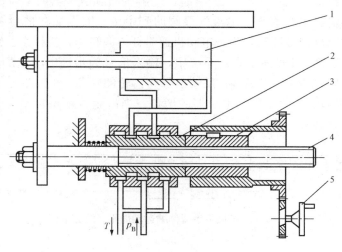

图9-12 题9-1图
1—液压缸；2—内套；3—螺母；4—丝杠；5—手轮

第十章　气　压　传　动

第一节　气　压　传　动　概　述

一、气压传动组成及工作原理

气压传动简称气动，以压缩空气为工作介质来传递动力和控制信号，控制和驱动各种机械和设备，以实现生产过程机械化、自动化。气压传动是流体传动及控制学科的一个重要分支。因为以压缩空气为工作介质具有防火、防爆、防电磁干扰，抗振动、冲击、辐射，无污染，结构简单，工作可靠等特点，所以气动技术与液压、机械、电气和电子技术一起，互相补充，已发展成为实现生产过程自动化的一个重要手段，在机械工业、冶金工业、轻纺食品工业、化工、交通运输、航空航天、国防建设等各个领域得到广泛的应用。

图 10 - 1 所示为一可完成某程序动作的气动系统组成原理图，其中的控制装置是由若干气动元件组成的气动逻辑回路。它可以根据气缸活塞杆的始末位置，由行程开关等传递信号，在作出逻辑判断后指示气缸下一步的工作，从而实现规定的自动工作循环。

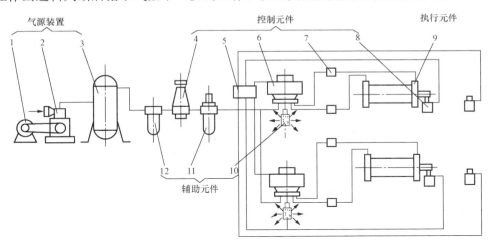

图 10 - 1　气压传动系统的组成

1—电动机；2—空气压缩机；3—储气罐；4—压力控制阀；5—逻辑元件；6—方向控制阀；

7—流量控制阀；8—行程阀；9—气缸；10—消声器；11—油雾器；12—空气过滤器

如图 10 - 1 所示，一般气压传动系统由气源装置、控制元件、执行元件、辅助元件和传动介质五部分组成。

（1）气源装置是把原动机输出的机械能转变为空气压力能的装置，其主要设备是空气压缩机。

（2）控制元件是对压缩空气的压力、流量和流动方向进行控制的装置，以保证执行元件具有一定的输出力和速度并按设计的程序正常工作，如压力阀、节流阀、换向阀、逻辑阀等。

（3）执行元件是把压缩空气的压力能转换成机械能的装置，如气缸和气动马达。

（4）辅助元件是指用于辅助保证气动系统正常工作的一些装置，如空气过滤器、消声器、油雾器等。

（5）传动介质即传递能量的压缩空气。

二、气压传动的优点

（1）空气随处可取，取之不尽，无介质费用和供应上的困难。用后的空气直接排入大气，对环境无污染，处理方便，不必设置回收管路，因此，也不存在介质变质、补充及更换等问题。

（2）空气黏度小（约为液压油的万分之一），在管内流动阻力小，压力损失小，便于集中供气和远距离输送。即使有泄漏，也不会严重影响工作，不会污染环境。

（3）与液压相比，气动反应快，动作迅速，维护简单，管路不易堵塞。

（4）气动元件结构简单、制造容易，适于标准化、系列化、通用化。

（5）气动系统对工作环境适应性好，特别在易燃、易爆、多尘埃、强磁、辐射、振动等恶劣工作环境中工作时，安全可靠性优于液压、电子和电气系统。

（6）空气具有可压缩性，使气动系统能够实现过载自动保护，也便于储气罐储存能量，以备急需。

（7）排气时气体因膨胀而温度降低，因而气动设备可以自动降温，长期运行也不会发生过热现象。

三、气压传动的缺点

（1）由于空气的可压缩性大，所以气动系统的稳定性差，负载变化时对工作速度的影响较大，速度调节较难。

（2）气压传动系统工作压力低，输出力较小，且传动效率低。

（3）气动装置中的信号传递速度仅限于声速范围内，其工作频率和相应速度远不如电子装置，并且信号要产生较大的失真和延滞，也不便于构成较复杂的回路。

（4）需对气源中的杂质及水蒸气进行净化处理，净化处理的过程较复杂。空气无润滑性能，故在系统中需要润滑处应设润滑给油装置。

（5）气动系统有较大的排气噪声，会恶化环境，影响人的情绪，甚至危害人体健康，应设法消除或降低噪声。

（6）气动系统有泄漏，这是能量的损失。一定量的泄漏也是允许的，但应尽可能减少泄漏。

第二节　气源装置及辅助元件

一、气源装置的组成

气源装置的作用是为气动设备提供符合需要的压缩空气。空气压缩机是气动系统的能源装置，但由空气压缩机产生的压缩空气必须经过冷却、干燥、净化等一系列处理以后才能用于传动系统。因为压缩空气中的水分、油污、灰尘等杂质混合而成胶体，若不经处理而直接进入管路系统，可能会造成以下不良后果：

（1）油液挥发的油蒸汽聚集在储气罐中形成易燃易爆物质，可能会造成事故。

（2）油液被高温汽化后形成有机酸，对金属器件起腐蚀作用。

（3）油、水和灰尘的混合物沉积管道内将减小管道内径，使气阻增大或管路堵塞，致使整个系统工作不稳定甚至控制失灵。

（4）气温比较低时，水汽凝结后会使管道及附件因冻结而损坏，或造成气流不畅通，或产生误动作。

（5）灰尘等固体杂质会引起气缸、气动马达、阀等元件的相对运动表面的磨损，从而破坏密封，加剧泄漏，降低设备的使用寿命。

因此，除空气压缩机外气源装置还必须包括冷却器、干燥器、过滤器等。图 10-2 所示为常见气源装置的组成。

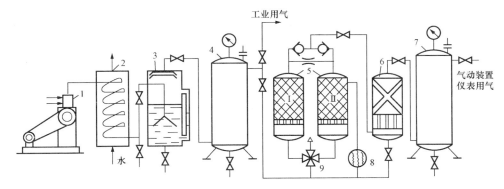

图 10-2 气源装置的组成

1—压缩机；2—后冷却器；3—分离器；4、7—储气罐；
5—干燥器；6—过滤器；8—加热器；9—四通阀

空气首先经过滤器过滤部分灰尘、杂质后进入压缩机 1，压缩机输出的空气先进入后冷却器 2 进行冷却，然后进入油水分离器 3，使部分油、水和杂质从气体中分离出来，得到初步净化的压缩空气送入储气罐 4 中，即可供给对气源要求不高的一般气动装置使用（一般称为一次净化）。但对于仪表用气和质量要求较高的工业用气，则必须经过二次和多次净化处理。将经过一次净化的压缩空气送进干燥器 5 进一步除去气体中的水分和油。在净化系统中干燥器 I 和 II 交换使用，其中闲置的一个利用加热器 8 吹入的热空气进行再生，以备交替使用。四通阀 9 用于转换两个干燥器的工作状态，过滤器 6 的作用是进一步过滤压缩空气中的杂质和油。经过处理的气体进入储气罐 7 以供气动设备和仪表使用。

1. 空气压缩机

空气压缩机是气动系统的动力源，它把电动机输出的机械能转换成气体的压力能输送给气动系统。空气压缩机的种类很多，一般有活塞式、膜片式、叶片式、螺杆式等类型，其中，气压系统中最常用的机型为活塞式压缩机。图 10-3 所示为其工作原理图。

当活塞向右运动时，由于左腔容积增加，压力下降，当压力低于大气时，吸气阀 6 被打开，气体进入气缸内，此为吸气过程。当活塞向左运动时，吸气阀 6 关闭，缸内气体被压缩，压力升高，当缸内气体压力高于排气管道内的压力时，顶开排气阀 7，压缩空气被排入排气管道内，此为排气过程。至此完成一个工作循环，电动机带动曲柄做回转运动，通过连杆 5、滑块 4、活塞杆 3 推动活塞做往复运动，空气压缩机就连续输出高压气体。

空气压缩机是标准件，选择空气压缩机的依据是气动系统的工作压力和流量。在确定空

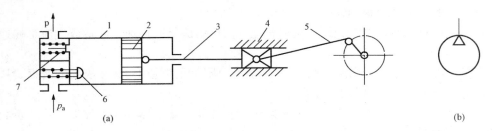

图 10 - 3　活塞式空气压缩机

（a）工作原理图；（b）图形符号

1—缸体；2—活塞；3—活塞杆；4—滑块；5—曲柄连杆机构；

6—吸气阀；7—排气阀

气压缩机的额定压力时，应使额定压力等于或略高于所需的工作压力，其流量等于系统设备最大耗气量并考虑管路泄漏等因素。

2. 后冷却器

后冷却器安装在空气压缩机出口管道上，将压缩机排出的压缩气体温度由 140～170℃ 降至 40～50℃，使其中含有的油气和水气达到饱和，并使其中大部分凝结成油滴和水滴，便于经油水分离器排出。根据冷却介质不同，可分为风冷和水冷两种，一般采用水冷式。其结构形式有列管式、散热片式、套管式、蛇管式、板式等，其中，蛇管式后冷却器最为常用。

在选用后冷却器时，可根据空气压缩机的排气量、排气温度和所需要的冷却温度，计算出或查有关资料确定换热面积，再查产品样本确定。

3. 油水分离器

油水分离器又称除油器，用于分离压缩空气中所含的油分及水分，使压缩空气得到初步净化。其工作原理是：当压缩空气进入油水分离器后产生流向和速度的急剧变化，再依靠惯性作用，将密度比压缩空气大的油滴和水滴分离出来。油水分离器的结构形式有环形回转式、离心旋转式、水浴式及以上形式的组合使用，其中，撞击并环形回转式油水分离器最常见。

4. 储气罐

储气罐主要用来调节气流，减少输出气流的压力脉动，使输出气流具有流量连续性和气压稳定性，并且储存一定量的压缩空气。

储气罐一般采用圆筒状焊接结构，有立式和卧式两种结构。

储气罐、油水分离器、后冷却器均属压力容器，在使用之前，应按技术要求进行测压试验。目前，在气压传动中，常采用后冷却器、油水分离器和储气罐三者一体的结构形式。

5. 干燥器

干燥器的功用是满足精密气动装置用气，对初步净化的压缩空气进行干燥、过滤，并进一步脱水和去除杂质。

目前，使空气干燥的方法主要是冷却法和吸附法。冷却法是利用制冷设备使压缩空气冷却到露点温度，析出相应的水分，降低含湿量，提高空气的干燥程度。吸附法则是使压缩空气通过栅板、滤网除去杂质，干燥吸附剂有硅胶、铝胶、焦炭等，利用其吸附水分使空气达到干燥、过滤的目的。

6. 空气过滤器

空气过滤器又称分水滤气器、空气滤清器，它是气动系统中最常用的一种空气净化装置。其作用是滤除压缩空气中的水分、油滴及杂质，以达到气动系统所要求的净化程度。空气过滤器属于二次过滤器，大多与减压阀、油雾器一起构成气动三联件，安装在使用压缩空气的设备气动系统的气源入口处。

图 10-4 所示为普通空气过滤器（二次过滤器）的结构及图形符号。工作原理：压缩空气从输入口进入后，被引入旋风叶子 1，旋风叶子上有许多成一定角度的缺口，迫使空气沿切线方向产生强烈旋转。这样夹杂在空气中的较大水滴、油滴和灰尘便依靠自身的惯性与存水杯 3 的内壁碰撞，并从空气中分离出来沉到杯底。而微粒灰尘和雾状水气则由滤芯 2 滤除。为防止气体旋转将存水杯中积存的污水卷起，在滤芯下部设挡水板 4。为保证其正常工作，必须及时将存水杯 3 中的污水通过手动排水阀 5 放掉。

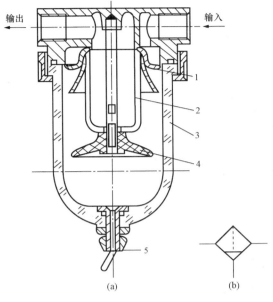

图 10-4　普通空气过滤器
(a) 结构图；(b) 图形符号
1—旋风叶子；2—滤芯；3—存水杯；
4—挡水板；5—排水阀

二、辅助元件

1. 油雾器

油雾器是一种特殊的注油装置，它以压缩空气为动力，将润滑油喷射成雾状并混合于压缩空气中，使压缩空气具有润滑气动元件的作用。目前，气动控制阀、气缸和气动马达主要是靠这种带有油雾的压缩空气来实现润滑的，其优点是方便，干净，润滑质量高。

图 10-5 所示为普通型油雾器结构及图形符号。压缩空气由输入口 1 进入，一部分由小孔 2 进入单向阀 10 的阀座内腔。此时，特殊单向阀的钢球在压缩空气和弹簧作用下处于中间位置，见图 10-6 (b)。因此，气体经单向阀 10 进入储油杯 5 的上腔 A，油面受压，油液经吸油管 11 上升，顶开单向阀 6。因钢球上部的管口有一边长小于钢球直径的四方口，所以钢球不可能封死上部管口，故油液能不断经可调节流阀 7 流入视油器 8 内，再滴入喷嘴小孔 3 中，被主管边中的气流从喷嘴小孔 3 引射出来，雾化后随气流从输出口 4 输出，送入气动系统。

普通型油雾器可以在不停气状态下加油，拧松油塞 9 后，储油杯上腔 A 与大气相通，单向阀 10 的钢球被压缩空气压在阀座上，基本上切断了压缩空气进入 A 腔的通路，见图 10-6 (c)。由于单向阀 6 的作用，压缩空气也不会从吸油管倒灌入储油杯中，所以可在不停气的情况下从油塞口往杯内加油。但上述过程必须在气源压力大于一定数值时才能实现，否则会因特殊单向阀关闭不严而致使压缩空气进入杯内，将油液从油塞口中喷出，油雾气最

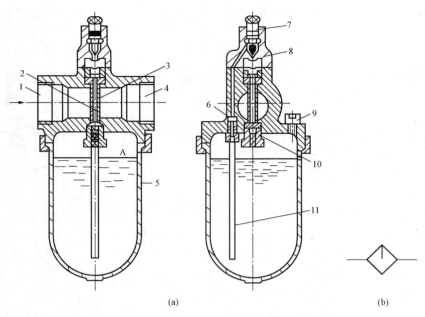

图 10-5　普通型油雾器

（a）结构图；（b）图形符号

1—输入口；2—小孔；3—喷嘴小孔；4—输出口；5—储油杯；6、10—单向阀；

7—可调节流阀；8—视油器；9—油塞；11—吸油管

低不停气加油压力为 0.1MPa。加油后，拧紧油塞，由于单向阀有少许泄漏，储油杯 A 腔气压逐渐升高，直至把特殊单向阀打开，见图 10-6（b），油雾器又重新工作。

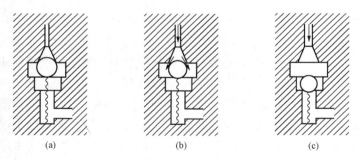

图 10-6　特殊单向阀的工作情况

（a）不工作时；（b）工作（进气）时；（c）初始通气（加油）时

　　油雾器的选择主要根据气压系统所需额定流量和油雾粒度大小来确定油雾器的形式和通径，所需油雾粒度在 $50\mu m$ 左右选用普通型油雾器，油雾器在使用中一定要垂直安装，它可以单独使用，也可与空气过滤器、减压阀一起构成气动三大件联合使用，组成气源调节装置，使之具有过滤、减压和油雾的功能。气动三大件联合使用时，其顺序应为空气过滤器—减压阀—油雾器，不能颠倒。安装中气源调节装置尽量靠近气动设备，距离应小于 5m。油雾器供油一般以 $10m^3$ 自由空气供给 1ml 的油量为标准，在使用中可根据实际情况进行修正。

2. 消声器

消声器的功用是排除压缩空气高速通过气动元件排到大气时产生的刺耳噪声污染。压缩空气高速通过气动元件排入大气时，产生的噪声可达 100～120dB，这种噪声使工作环境恶化，损害人体健康。一般噪声高于 85dB 时，都必须设法降低，为此，通常在气动元件排气口处安装消声器。常用的消声器有吸收型、膨胀干涉型、膨胀干涉吸收型。

在气动元件上使用的消声器，可按气动元件排气口的通径选择相应的型号，但应注意消声器的排气阻力不宜过大，应以不影响控制阀的切换速度为宜。

3. 转换器

转换器是将电、液、气信号相互间转换的辅件，用来控制气动系统工作。气动系统中的转换器主要有气—电、电—气、气—液等。图 10 - 7 所示为气—液直接接触式转换器结构及图形符号。

当压缩空气由上部输入管输入后，经过管道末端的缓冲装置使压缩空气作用在液压油面上，因而液压油即以压缩空气相同的压力，由转换器主体下部的排油孔输出到液压缸，使其动作。气液转换器的储油量应不小于液压缸最大有效容积的 1.5 倍。

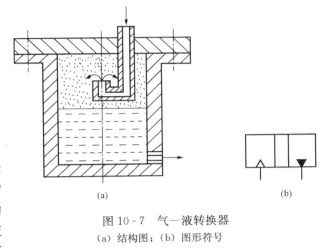

图 10 - 7　气—液转换器
(a) 结构图；(b) 图形符号

第三节　气动执行元件

一、气缸

气缸是气动系统的执行元件之一，用于实现直线往复运动或摆动。与液压缸相比，它具有结构简单，制造成本低，污染少，便于维修，动作迅速等优点，故应用十分广泛。

1. 气缸的分类

根据使用条件不同，其结构、形状有多种形式，分类方法也很多，常用的有以下几种：

(1) 按压缩空气作用在活塞端面上的方向可分为单作用气缸和双作用气缸。

(2) 按结构可分为活塞式气缸、柱塞式气缸、叶片式气缸、薄膜式气缸及气—液阻尼缸。

(3) 按安装方式可分为耳座式、法兰式、轴销式、凸缘式。

(4) 按气缸的功能分为普通气缸和特殊气缸。普通气缸是指一般活塞式单作用气缸和双作用气缸，用于无特殊要求的场合。特殊气缸用于有特殊要求的场合，如气—液阻尼缸、薄膜式气缸、冲击式气缸、增压气缸、步进气缸、回转气缸等。

2. 几种常见气缸的工作原理和用途

(1) 单作用气缸。所谓单作用气缸是指压缩空气仅在气缸的一端进气，并推动活塞（或

柱塞）运动，而活塞或柱塞的返回则是借助其他外力，如重力、弹簧力等，其结构原理如图
10-8所示。

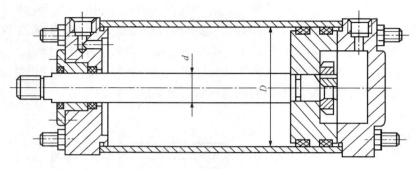

图 10-8　单作用气缸

这种气缸的特点如下：

1）由于单边进气，所以结构简单、耗气量小。

2）由于用弹簧复位，使压缩空气的能量有一部分用来克服弹簧的弹力，因而减小了活塞杆的输出推力。

3）缸体内因安装弹簧而减小了空间，缩短了活塞的有效行程。

4）气缸复位弹簧的弹力是随其变形大小而变化的，因此，活塞杆的推力和运动速度在行程中是有变化的。

基于上述特点，单作用气缸多用于短行程及对活塞杆推力、运动速度要求不高的场合，如定位和夹紧装置等。

（2）双作用气缸。所谓双作用气缸就是在相反的两个方向都要输出作用力，一端进气输出推力或拉力时，另一端排气。双活塞杆气缸用得较少，其结构与单活塞杆气缸基本相同，只是活塞两侧都装有活塞杆。因两端活塞杆直径相同，所以活塞往复运动的速度和输出力均相等。双作用气缸常用于气动加工机械及包装机械等设备上。

（3）缓冲气缸。缓冲气缸的运动速度一般都较快，可达 1m/s。为了防止活塞与气缸端盖发生碰撞，必须设置缓冲装置，使活塞接近端盖时逐渐减速，其结构见图 10-9，此气缸的两侧都设置了缓冲装置。在活塞到达行程终点前，缓冲柱塞将柱塞孔堵死，活塞再向前运动时，被封闭在缸内的空气因被压缩而吸收运动部件的惯性力所产生的动能，从而使运动速度减慢。在实际应用中，常使用节流阀将封闭在气缸内的空气缓慢排出。当活塞反向运动时，压缩空气经单向阀进入气缸，因而能正常启动。

调节节流阀 2、9 的开口度，即可调节缓冲效果，控制气缸行程终端的运动速度，因而成为可调缓冲气缸。如果做成固定节流孔，其开口度不可调即为不可调缓冲气缸。气缸缓冲装置的种类很多，上述只是最常见的缓冲装置。此外，也可在气动回路上采取措施使气缸具有缓冲作用。

3. 特殊气缸

（1）气—液阻尼缸。普通气缸工作时，由于气体具有可压缩性，当外界负载变化较大时，气缸可能产生"爬行"或"自走"的现象。因此，气缸不易获得平衡运动，也不宜使活塞有准确的停止位置。而液压缸因液压油在通常压力下是不可压缩的，其运动平衡，且其速

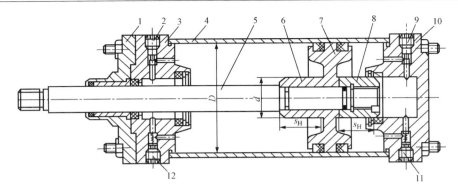

图 10-9　缓冲气缸

1—压盖；2、9—节流阀；3—前缸盖；4—缸体；5—活塞杆；

6、8—缓冲柱塞；7—活塞；10—后缸盖；11、12—单向阀

度调节方便。在气压传动中，需要准确的位置控制和速度控制时，可采用综合气压传动和液压传动优点的气—液阻尼缸。

气—液阻尼缸按其组合方式不同可分为串联和并联式两种。

图 10-10 所示为气—液阻尼缸工作原理图。

图 10-10 (a) 所示为串联式气液阻尼缸，它由气缸和液压缸串联而成。两缸的活塞用一根活塞杆带动，在液压缸进出口之间装有单向节流阀，当气缸 1 右腔进气时，气缸带动液压缸 2 的活塞向左运动，此时液压缸左腔排油，由于单向阀关闭，油液只能通过节流阀缓慢流入液压缸右腔，对运动起阻尼作用。调节节流阀的开口量，即可调节活塞的运动速度。活塞杆的输出力等于气缸的输出力和液压缸活塞上的阻力之差。当换向阀换向至气缸左腔进气时，液压缸右腔的油液可通过单向阀迅速流向液压缸左腔，活塞快速返回原位。

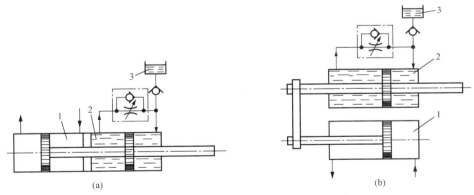

图 10-10　气—液阻尼缸

(a) 串联式；(b) 并联式

1—气缸；2—液压缸；3—高位油箱

串联式气—液阻尼缸的缸体较长，加工和安装时对同轴度要求高，同时要注意解决气缸和液压缸之间的油与气的互窜问题。一般都将双活塞杆缸作为液压缸，这样可使液压缸两腔进、排油量相等，以减小高位油箱 3 的容积。

图 10-10（b）所示为并联式气—液阻尼缸，它由气缸和液压缸并联而成，其工作原理和作用与串联气—液阻尼缸相同。这种气液阻尼缸的缸体短，结构紧凑，消除了气缸和液压缸之间的窜气现象。但由于气缸和液压缸不在同一轴线上，安装时对其平行度要求较高，此外还必须设置油箱，以便在工作时用来储油和补充油液。

（2）薄膜式气缸。薄膜式气缸是一种利用膜片在压缩空气作用下产生变形来推动活塞杆做直线运动的气缸。图 10-11 所示为薄膜式气缸，它由缸体、膜片、膜盘、活塞杆等主要零件组成。它可以是单作用的，也可以是双作用的。

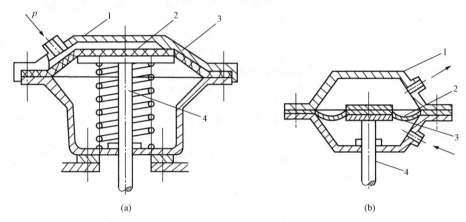

图 10-11　薄膜式气缸
（a）单作用式；（b）双作用式
1—缸体；2—膜片；3—膜盘；4—活塞杆

薄膜式气缸的膜片有盘型膜片和平膜片两种。膜片材料为夹织物橡胶、钢片或磷青铜片，金属膜片只用于行程较小的气缸中。

薄膜式气缸与活塞式气缸相比较，具有结构紧凑、简单、制造容易、成本低、维修方便、寿命长、泄漏少、效率高等优点。但因膜片的变形量有限，故其行程短。且因膜片变形要吸收能量，其活塞杆上的输出力随着行程的加大而减小。

（3）冲击气缸。冲击气缸是把压缩空气的压力能转换为活塞、活塞杆的高速运动，输出动能，产生较大的冲击力，打击工件做功的一种气缸。

图 10-12 所示为冲击气缸结构示意。与普通气缸相比较，冲击气缸增加了蓄能腔和喷嘴。冲击气缸由缸体、中盖、活塞、活塞杆等主要零件组成。中盖与缸体固定，它和活塞把气缸分隔成三部分，即活塞杆腔 1、活塞腔 2 和蓄能腔 3。中盖 5 的中心开有喷嘴口 4。

当压缩空气从 b 孔输入冲击气缸活塞杆腔 1 时，蓄能腔经 a 孔排气，活塞 7 上移封住中盖 5 上的喷嘴口 4，活塞腔则经泄气口 6 与大气相通。当压缩空气由 a 口进入蓄能腔时，其压力只能通过喷嘴口的小面积作用在活塞 7 上，还不能克服活塞杆腔的排气压力所产生的向上的推力以及活塞与缸体间的摩擦力，喷嘴处于关闭状态，从而使蓄能腔的充气压力逐渐升高。当充气压力升高到能使活塞向下移动时，活塞的下移使喷嘴开启，在喷嘴口打开的瞬间，蓄能腔的气压使活塞上端受压面积突然增加，于是活塞 7 便在很大的压差作用下加速下行，使活塞及活塞杆等运动部件在瞬间达到很高的速度，从而获得很大的动能以冲击工件。

冲击气缸结构简单，成本低，耗气量小，应用广泛，可用于锻造、冲压、铆接、下料、压配等方面。在铸造生产中，可用来破碎铸铁锭、废铸件等。

4. 标准化气缸

为推动气动技术的发展，满足各行业使用气缸的需要，我国目前已经生产出五种从结构到参数都已经标准化、系列化的气缸（简称标准化气缸）供用户优先选用，在生产过程中应尽量选用标准化气缸。若需要自行设计时，也应尽量使所用气缸与标准化气缸的结构与参数相一致，这样可使产品具有互换性，给设备的使用和维修带来方便。

标准化气缸的标记是用符号"QG"表示气缸，分别用符号 A、B、C、D、H 表示无缓冲气缸、细杆（标准杆）缓冲气缸、粗杆缓冲气缸、气—液阻尼缸及回转气缸。例如，标记为 QGA100×125 的标准化气缸，即缸筒直径为 100mm，行程为 125mm 的无缓冲普通气缸。缸径 D 和行程 S 是标准化气缸的主要参数。标准气缸的详细参数，如外形尺寸、连接方法、安装方式等，可参阅有关手册。

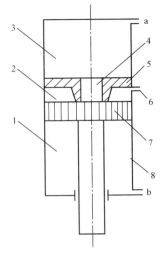

图 10-12 冲击气缸
1—活塞杆腔；2—活塞腔；3—蓄能腔；
4—喷嘴口；5—中盖；6—泄气口；
7—活塞；8—缸体

二、气动马达

气动马达的作用是把压缩空气的压力能转换为机械能，实现输出轴的旋转运动并输出转矩，驱动做旋转运动的执行机构。气动马达有叶片式、活塞式、齿轮式等多种类型，在气压传动中使用最广泛的是叶片式和活塞式马达，现以叶片式气动马达为例简单介绍气动马达的工作原理。

图 10-13 所示为双向旋转叶片式气动马达的结构原理图。当压缩空气从进气口进入气室后立即喷向叶片 1，作用在叶片的外伸部分，产生转矩带动转子 2 做逆时针转动，输出机械能。若进气口、出气口互换，则转子反转，输出相反方向的机械能。转子转动的离心力和叶片底部的气压力、弹簧力（图中未画出）使得叶片紧贴在定子 3 的内壁上，以保证密封，提高容积效率。叶片式气马达主要用于风动工具，高速旋转机械及矿山机械等。

气动马达具有以下特点：

（1）可以无级调速。通过控制调节进气阀（或排气阀）的开闭程度来控制调节压缩空气的流量，就能控制调节马达的转速，从而实现无级调速。

（2）换向容易，操作简单。

（3）工作安全。能适应恶劣的工作环境，在易燃、易爆、高温、振动、潮湿、粉尘等不利条件下均能正常工作。

（4）有过载保护作用。过载时马达只是降

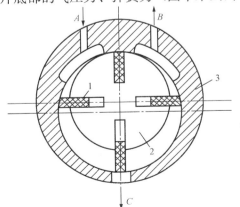

图 10-13 双向旋转的叶片式气动马达
1—叶片；2—转子；3—定子

低转速或停车，过载解除后即可重新正常运转。

（5）启动力矩较高。可直接带负载启动，启停迅速，且可长时间满载运行，温升较小。

（6）功率范围及转速范围较宽。功率小至几百瓦，大至几十千瓦。

第四节　气动控制元件

在气压传动系统中，用来控制与调节压缩空气的压力、流量、流动方向和发送信号，为保证执行元件按照设计程序正常动作的元件称为气动控制元件。按其功能和作用分为压力控制阀、流量控制阀和方向控制阀三大类。此外，还有通过控制气流方向和通断来实现各种逻辑功能的气动逻辑元件等。

一、方向控制阀

气动方向控制阀和液压方向控制阀相似，分类方法也大致相同。气动方向控制阀分为单向型和换向型两种，其阀芯结构主要有截止式和滑阀式。

1. 单向型控制阀

单向型控制阀中包括单向阀、或门型梭阀、与门型梭阀和快速排气阀。

（1）单向阀。单向阀是指气流只能向一个方向流动而不能反向流动的阀。单向阀的工作原理、图形符号与液压阀中的单向阀基本相同，只不过在气动单向阀中，阀芯和阀座之间有一层胶垫（密封垫），如图 10-14 所示。

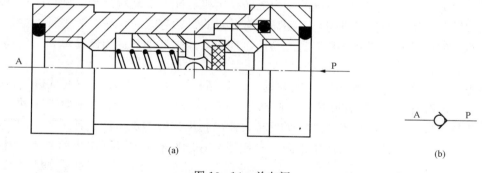

(a)　　　　　　　　　　　　　　　　　　　　(b)

图 10-14　单向阀
（a）结构图；（b）图形符号

（2）或门型梭阀。在气压传动系统中，当两个通路 P_1 和 P_2 均与通路 A 相通，而不允许 P_1 和 P_2 相通时，就要采用或门型梭阀。由于阀芯像织布梭子一样来回运动，因而称之为梭阀。该阀的结构相当于两个单向阀的组合。在气动逻辑回路中，该阀起到"或"门的作用，是构成逻辑回路的重要元件。

图 10-15 所示为或门型梭阀的工作原理及图形符号。当通路 P_1 进气时，将阀芯推向右边，通路 P_2 被关闭，于是气流从 P_1 进入通路 A，如图 10-15（a）所示；反之，气流则从 P_2 进入 A，如图 10-15（b）所示；当 P_1 与 P_2 同时进气时，哪端压力高，A 就与哪端相通，另一端就自动关闭。

（3）与门型梭阀。与门型梭阀又称双压阀，该阀只有两个输出口 P_1 与 P_2 同时进气时，

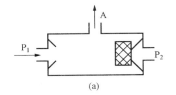 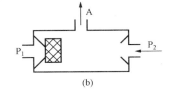 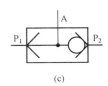

图 10 - 15 或门型梭阀

(a) P₁ 进气；(b) P₂ 进气；(c) 图形符号

A 口才有输出，这种阀也是相当于两个单向阀的组合。图 10 - 16 所示为与门型梭阀（双压阀）的工作原理及图形符号。当 P₁ 或 P₂ 单独有输入时，阀芯被推向右端或左端，如图 10 - 16 (a)、(b) 所示，此时 A 口无输出；只有当 P₁ 和 P₂ 同时有输入时，A 口才有输出，如图 10 - 16 (c) 所示。当 P₁ 和 P₂ 气压不等时，则气压低的通过 A 口输出。

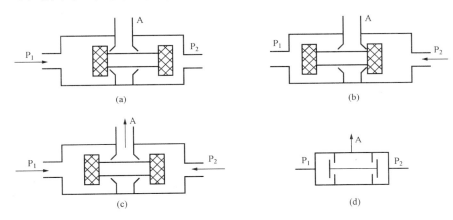

图 10 - 16 与门型梭阀

(a) A 无输出；(b) A 无输出；(c) A 有输出；(d) 图形符号

与门型梭阀的应用很广泛，图 10 - 17 所示为该阀在钻床控制回路中的应用。行程阀 1 为工作定位信号，行程阀 2 是工作夹紧信号。当两个信号同时存在时，与门型梭阀（双压阀）3 才有输出，使换向阀 4 切换，钻孔缸 5 进给，钻孔开始。

（4）快速排气阀。快速排气阀又称快排阀，可以加快气缸运动速度，快速排气。通常气缸排气时，气体是从气缸经过管路由换向阀的排气口排出的。如果从气缸到换向阀的距离较长，而换向阀的排气口又小时，排气时间就较长，气缸动作速度较慢。此时，若采用快速排气阀，则气缸内的气体就能直接由快排阀排往大气，加快气缸的运动速度，实验证明，安装快排阀后，气缸的运动速度可提高 4～5 倍。

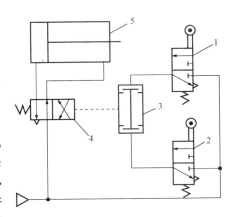

图 10 - 17 与门型梭阀应用回路

1、2—行程阀；3—与门型梭阀；
4—换向阀；5—钻孔缸

快速排气阀的工作原理及图形符号如图 10 - 18 所示。当 P 口进气时［见图 10 - 18（a）］，膜片被压下封住排气口 T，气流经膜片四周小孔，由 A 口流出；当气流反向流动时，A 口气压将膜片顶起封住 P 口，A 口气体经 T 口迅速排掉［见图 10 - 18（b）］。实际使用时，快速排气阀应配置在需要快速排气的气动执行元件附近，否则会影响快排效果。

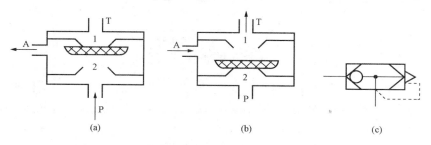

图 10 - 18　快速排气阀
(a) T 口封住；(b) T 口快排；(c) 图形符号
1—快速排气口；2—阀口

2. 换向型控制阀

换向型方向控制阀的功用是改变气体通道使气体流动方向发生变化，从而改变气动执行元件的运动方向。此类控制阀与液压同类阀的操作方式、切换位置、图形符号基本相同，此处不再赘述。

二、压力控制阀

压力控制阀主要用来控制系统中气体的压力。气动压力控制阀主要有减压阀、溢流阀、顺序阀。它们都是利用作用于阀芯上的气体压力和弹簧力相平衡的原理来进行工作的。气压传动系统与液压传动系统相比有一个很大的特点，即液压传动系统的液压油是由安装在每台设备上的液压源直接提供，而气压传动则是由空气压缩机将空气压缩后储存于储气罐中，然后经管路输送给各传动装置使用，出气管提供的空气压力高于每台装置所需的压力，且压力波动也较大。因此，气压传动系统中必须在每台装置入口处设置一减压阀，以将入口处的空气降低到所需的压力，并保持该压力值的稳定。

减压阀的作用是将输出压力调节在比输入压力低的调定值上，并保持稳定不变。减压阀也称调压阀。图 10 - 19 所示为直动式减压阀的结构原理图。若顺时针方向调整手柄 1，调压弹簧 2、3，推动膜片 5 和阀杆 6 下移，使阀芯 9 也下移，打开阀口便有气流输出。同时，输出气压经阻尼孔 7 在膜片 5 上产生向上的推力。这个作用力总是企图把阀口关小，使输出压力下降，这样的作用称为负反馈。当作用在膜片上的反馈力与弹簧力相平衡时，减压阀便有稳定的压力输出。

当减压阀输出负载发生变化，如压力升高，则输出端压力将膜片向上推，阀芯 9 在复位弹簧 10 的作用下向上移动，减小阀口开度，输出压力便会下降，直至达到调定的压力为止。反之，当输出压力下降时，阀的开度增大，流量加大，使输出压力上升直到调定值，从而保持输出压力稳定在调定值上。阻尼孔的作用是提高调压精度，并在负载变化时，对输出的压力波动起阻尼作用，避免产生振荡。

当减压阀进口压力发生波动时，输出压力也随之变化并通过阻尼孔作用在膜片下部，使原有的平衡状态破坏，改变阀口的开度，达到新的平衡，保持其输出压力不变。

逆时针旋转手柄，调压弹簧放松，膜片在输出压力作用下向上变形，阀口变小，输出压力降低。

三、流量控制阀

气动节流阀的工作原理及图形符号与液压节流阀的基本相同，是通过改变控制阀的通流面积来实现流量控制的元件，主要包括节流阀、单向节流阀和排气节流阀等。本节以排气节流阀为例介绍其流量阀的工作原理。

图 10-20 所示为排气节流阀的工作原理及图形符号，气流从 A 口进入阀内，由节流口 1 节流后经消声套 2 排出。它不仅能调节执行元件的运动速度，还能起到降低排气噪声的作用。

排气节流阀通常安装在换向阀的排气口处与换向阀联用，起单向节流阀的作用。由于其结构简单，安装方便，能简化回路，故应用日益广泛。

四、气动逻辑元件

所谓气动逻辑元件是以压缩空气为工作介质，通过元件内部可动部件的动作，进行气动切换而实现逻辑功能的控制元件，也称开关元件。气动

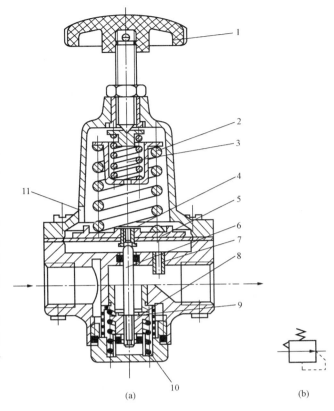

图 10-19　直动式减压阀

(a) 结构图；(b) 图形符号

1—手柄；2、3、10—弹簧；4—溢流孔；5—膜片；6—阀杆；
7—阻尼孔；8—阀座；9—阀芯；11—排气口

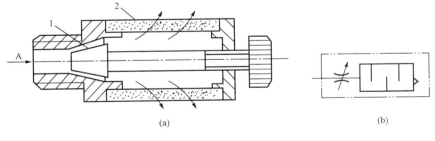

图 10-20　排气节流阀

(a) 结构图；(b) 图形符号

1—节流口；2—消声套

逻辑元件具有气流通道孔径较大，抗污染能力强、结构简单、成本低、工作寿命长、响应速度慢等特点。其种类很多，按工作压力分为高压、低压、微压三种；按逻辑功能分为"是门"、"或门"、"与门"、"非门"、"双稳"元件；按结构形式分为截止式、膜片式、滑阀式、球阀式等几种类型。

(1)"是门"和"与门"元件。图 10-21 所示为截止式"是门"和"与门"元件的工作

原理及逻辑符号。

　　a 为信号输入孔，S 为信号输出孔，中间孔接气源 P 时为"是门"元件。也就是说，当 a 孔无输入信号时，阀芯 2 在弹簧及气源压力 p 作用下处于图示位置，封住 P、S 间的通道，使输出孔 S 与排气孔相通，S 无输出；反之，当 a 有信号输入时，膜片 1 在输入信号作用下推动阀芯 2 下移，封住输出孔 S 与排气孔间通道，P 与 S 相通，S 有输出。也就是说，无信号输入时无输出，有信号输入时就有输出。元件的输入和输出信号之间始终保持相同的状态，即 S＝a。

　　若将中间孔不接气源而换接另一输入信号 b，则成"与门"元件，也就是，只有当 a、b 同时有信号输入时，S 才有输出，即 S＝ab。

　　（2）"或门"元件。图 10-22 所示为"或门"元件的工作原理及逻辑符号。

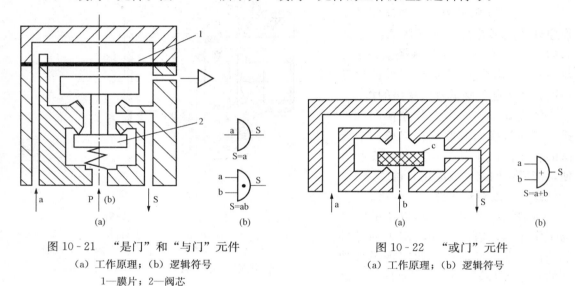

图 10-21　　"是门"和"与门"元件
(a) 工作原理；(b) 逻辑符号
1—膜片；2—阀芯

图 10-22　　"或门"元件
(a) 工作原理；(b) 逻辑符号

　　a、b 为信号输入孔，S 为信号输出孔。当只有 a 有信号输入时，气压作用在阀芯 c 上，阀芯 c 被推动下移，打开上阀口，接通 a、S 通路，S 有输出；同理，当只有 b 有信号输入时，b、S 接通，S 有输出。显然，当 a、b 均有信号输入时，S 也有输出。也就是，或有 a，或有 b，或 a、b 二者都有信号输入时，S 均有输出，即 S＝a＋b。

　　（3）"非门"和"禁门"元件。图 10-23 所示为"非门"及"禁门"元件的工作原理及逻辑符号。

　　图中 a 为信号输入孔，S 为信号输出孔，中间孔接气源孔 P 用时为"非门"元件。当 a 无信号输入时，阀片 2 在气源压力作用下上移，封住输出孔 S 与排气孔间的通道，S 有输出。当 a 有信号输入时，膜片 1 在输入信号的作用下，推动阀杆下移，阀片 2 封住气源孔 P，S 无输出。也就是，a 有信号输入时，S 无输出；当 a 无信号输入时，S 才有输出。

　　若将气源口 P 改为信号 b 口，即成为"禁门"元件。在 a、b 均有输入信号时，阀杆及阀片 2 在 a 输入信号作用下封住 b 孔，S 无输出，在 a 无输入信号而 b 有输出信号时，S 就有输出。即 a 输入信号对 b 输入信号起"禁止"作用。

　　（4）"双稳"元件。图 10-24 所示为"双稳"元件的工作原理图。

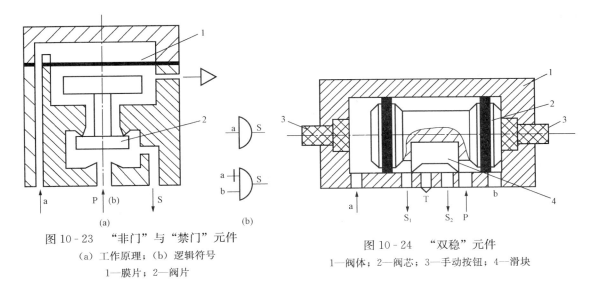

图 10 - 23 "非门"与"禁门"元件
(a) 工作原理；(b) 逻辑符号
1—膜片；2—阀片

图 10 - 24 "双稳"元件
1—阀体；2—阀芯；3—手动按钮；4—滑块

当 a 有输入信号时，S_1 有输出；若信号 a 解除，因阀芯不换位所以 S_1 仍有输出。直到有信号 b 输入时，阀芯移位换向，S_2 才有输出。可见，这种回路具有两种稳定状态，平时总是处于两种状态中的一种状态，只有当外界有切换信号时，才换到另一种稳定状态。这种切换信号解除后，仍能保持原输出稳态不变的功能，即记忆功能。所以，双稳元件也是记忆元件。

第五节 气 动 基 本 回 路

与液压传动系统一样，气压传动系统也是由各种功能的基本回路组成的。因此，熟悉掌握常用的基本回路是分析、安装调试、使用维修气压传动系统的基础。

一、方向控制回路

方向控制回路，是通过换向阀控制压缩空气的流动方向，来实现执行机构运动方向控制的回路，简称换向回路。

1. 单作用气缸换向回路

图 10 - 25 所示为单作用气缸换向回路。在图 10 - 25 (a) 所示回路中当电磁铁通电时，气压使活塞杆伸出工作，而当电磁铁断电时，活塞杆在弹簧作用下复位。

图 10 - 25 (b) 所示回路采用三位五通换向阀，电磁铁断电后能自动复位，故能使气缸停留在行程中的任意位置，但定位精度不高，定位时间不易太长。

2. 双作用气缸换向回路

图 10 - 26 所示为双作用气缸换向回路。图 10 - 26 (a) 所示回路采用双气控二位五通阀控制，通过对其左右两侧分别输入控制信号，使气缸活塞杆伸出和缩回。此回路不允许左右两侧同时加等压控制信号，否则会产生误动作，其回路相当于"双稳"的逻辑功能。

图 10 - 26 (b) 所示回路采用双气控中位封闭式三位五通换向阀控制，除控制双作用缸换向外，还可在行程中的任意位置停止运动。

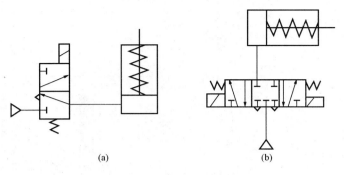

图 10 - 25　单作用气缸换向回路

（a）采用二位三通阀；（b）采用三位五通阀

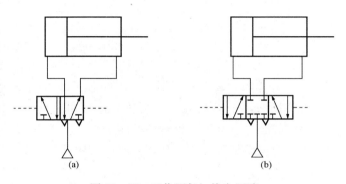

图 10 - 26　双作用气缸换向回路

（a）采用二位五通阀；（b）采用三位五通阀

二、压力控制回路

压力控制回路用于调节和控制系统压力，使之保持在某一规定范围内。常用的有一次压力控制回路、二次压力控制回路和高低压转换回路。

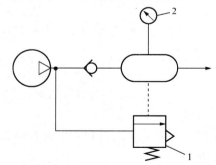

图 10 - 27　一次压力控制回路

1—外控卸荷阀；2—电接点压力表

1. 一次压力控制回路

一次压力控制回路用于控制储气罐的压力，使之不超过规定的压力值。如图 10 - 27 所示一次压力控制回路采用外控卸荷阀来控制；或利用电接点压力表来控制空气压缩机的转、停，使储气罐压力保持在规定的范围内。采用外控卸荷阀，结构简单，工作可靠，但气量浪费大；采用电接点压力表对电动机及其控制要求较高，常用于小型空气压缩机的控制。

2. 二次压力控制回路

如图 10 - 28 所示为二次压力控制回路，图 10 - 28（a）所示回路是由气动三联件组成，主要由溢流减压阀来实现压力控制；图 10 - 28（b）所示回路是由减压阀和换向阀组成对同一系统可实现输出高低压力 p_1 和 p_2 的控制；图 10 - 28（c）所示回路是由减压阀来实现对不同系统输出不同压力 p_1 和 p_2 的控制。

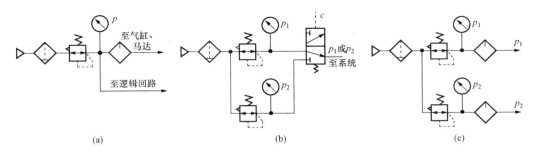

图 10 - 28 二次压力控制回路

(a) 由溢流减压阀控制压力；(b) 由换向阀控制高低压力；(c) 由减压阀控制高低压力

3. 高低压转换回路

该回路利用两只减压阀和一只换向阀间或输出低压或高压气源，如图 10 - 29 所示，如换向阀在上位工作时便可输出压力为 p_1 的压缩空气，如换向阀在下位工作时便可输出压力为 p_2 的压缩空气；若去掉换向阀，就可同时输出高、低两种压力的压缩空气。

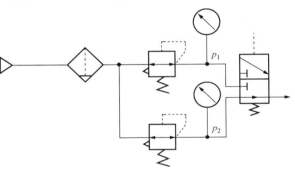

图 10 - 29 高低压转换回路

三、速度控制回路

速度控制回路就是通过调节压缩空气的流量，来控制气动执行元件的运动速度，使之保持在一定范围内的回路。常用的有单向调速回路、双向调速回路和气—液调速回路。

1. 单向调速回路

图 10 - 30 所示为双作用缸单向调速回路。图 10 - 30 (a) 所示为供气节流调速回路，当气控换向阀不换向时（即图中所示位置），进入气缸 a 腔的气流流经节流阀，b 腔排出的气体直接经换向阀快排。当节流阀开度较小时，由于进入 a 腔的流量较小，压力上升缓慢。当气压达到能克服负载时，活塞前进，此时 a 腔容积增大，结果使压缩空气膨胀，压力下降，使作用在活塞上的力小于负载，因此活塞就停止前进。待压力再次上升时，活塞才再次前进。这种由于负载及供气的原因使活塞忽走忽停的现象，称为气缸的"爬行"。所以，供气节流调速回路的不足之处主要表现在以下两个方面：

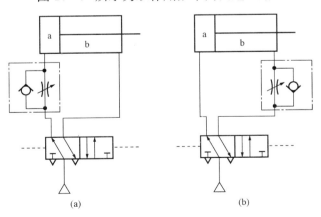

图 10 - 30 双作用缸单向调速回路

(a) 供气节流调速回路；(b) 排气节流调速回路

（1）当负载方向与活塞的运动方向相反时，活塞运动易出现不平稳现象，即"爬行"

现象。

（2）当负载方向与活塞运动方向一致时，由于排气经换向阀快排，几乎没有阻力，气缸易产生"跑空"现象，使气缸失去控制。

因此，供气节流多用于垂直安装的气缸供气回路中，在水平安装的气缸供气回路中一般采用如图 10-30（b）所示的排气节流调速回路。当气控换向阀不换向时（即图中所示位置），从气源来的压缩空气经气控换向阀直接进入气缸的 a 腔，而 b 腔排出的气体必须经过节流阀到气控换向阀而排入大气，因而 b 腔中的气体就有了一定的压力。此时，活塞在 a 腔与 b 腔的压力差作用下前进，而减少了"爬行"的可能性。调节节流阀的开度，就可控制不同的排气速度，从而也就控制了活塞的运动速度，排气节流回路有以下特点：

（1）气缸速度随负载变化较小，运动较平稳。

（2）能承受与活塞运动方向相同的负载。

2．双向调速回路

双向调速就是活塞往复都调速。在气缸的进、排气口均装设节流阀，就组成了双向调速回路，在图 10-31 所示的双向调速回路中，图 10-31（a）所示为采用单向节流阀式的双向节流调速回路，图 10-31（b）所示为采用排气节流阀的双向节流调速回路。

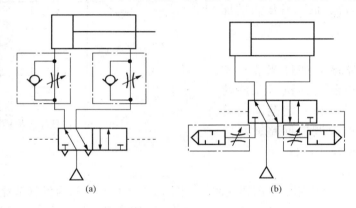

图 10-31　双向调速回路

（a）采用单向节流阀；（b）采用排气节流阀

3．气—液转换回路

图 10-32 所示为气—液转换速度控制回路，它利用气液转换器 1、2 将气压变成液压，利用液压油驱动液压缸 3，从而得到平稳易控制的活塞运动速度，调节节流阀的开度，便可改变活塞的运动速度。这种回路充分发挥了气动供气的方便性和液压速度容易控制的优点。

四、其他常用基本回路

1．安全保护回路

气动机构负荷过载，气压突然降低，以及气动执行机构的快速动作等，都有可能危及操作人员或设备的安全，因此，在气动回路中，常常要加入安全回路。需要指出的是，在设计任何气动回路中，特别是安全回路中，都不可缺少过滤装置和油雾器。因为污脏空气中的杂物，可能堵塞阀中的小孔与通路，使气路发生故障。缺乏润滑油时，很可能使阀发生卡死或磨损，以致整个系统都发生问题。下面介绍几种安全保护回路。

（1）过载保护回路。如图 10-33 所示，按下手动换向阀 1，主阀 4 左位接入回路，压缩空气进入气缸左腔，在伸出过程中，若遇到障碍6，无杆腔压力升高，打开顺序阀3，使阀2换向，阀4随即复位，活塞立即退回，即实现过载保护。若无障碍6，气缸向前运动时压下阀5，主阀4因控制端失去压力而复位，压缩空气进入气缸的右腔，活塞杆即刻返回。

（2）互锁回路。图10-34所示为互锁回路。在该回路中四通阀的换向受三个串联的机动三通阀控制，只有三个都接通，主阀才能换向。

（3）双手同时操作回路。所谓双手同时操作回路就是使用两个启动用的手动阀，只有同时按动两个阀才动作的回路。这种回路主要是考虑安全因素，在锻造、冲压机械上常用来避免误动作，以保护操作者的安全。

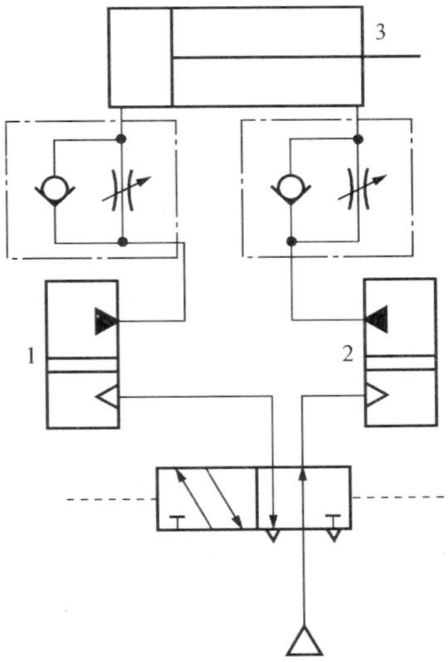

图10-35（a）所示为使用逻辑"与"的双手同时操作回路，为使主控制阀3换向，必须使压缩空气信号进入阀3左侧，为此必须使两只三通手动阀1和2同时换向，

图10-32　气—液转换速度控制回路
1、2—气液转换器；3—液压缸

而且这两个阀必须安装在单手不能同时操作的距离上。在操作时，如任何一只手离开时控制信号便会消失，主控阀3随即复位，活塞杆后退。图10-35（b）所示为使用三位主控制阀的双手同时操作回路，把此主控制阀3的信号a作为手动阀1和2的逻辑"与"回路，即只有手动阀1和2同时松开时，主控制阀3换向到下位，活塞返回；若手动阀1或2任何一个动作，将使主控制阀复位到中位，活塞处于停止状态。

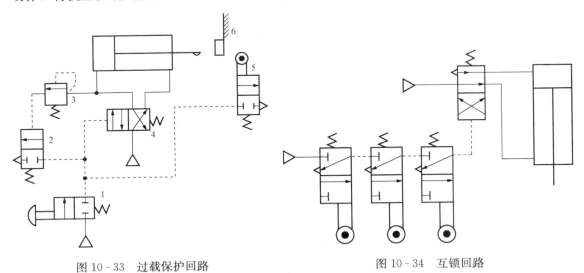

图10-33　过载保护回路
1、2、4、5—换向阀；3—顺序阀；6—障碍

图10-34　互锁回路

2. 延时回路

图10-36（a）所示为延时输出回路，当控制信号切换阀4后，压缩空气经单向节流阀3向气罐2充气。当充气压力经过延时升高至使阀1换位时，阀1就有输出。

图10-36（b）所示回路中，按下阀8，则气缸活塞向外伸出，当气缸在伸出行程中压

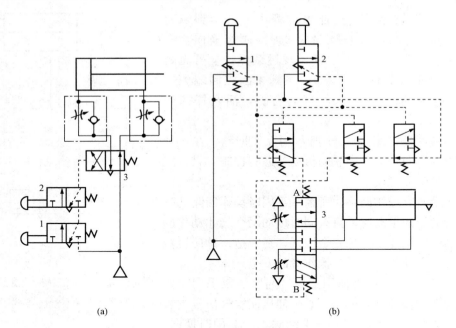

图 10-35　双手同时操作回路

（a）使用逻辑"与"；（b）使用三位主控阀

1、2—手动换向阀；3—主控制阀

下阀 5 后，压缩空气经节流阀到气罐 6，延时后才将阀 7 切换，气缸退回。

以上两种回路中，通过调节节流阀的开度，便可调节延时时间。

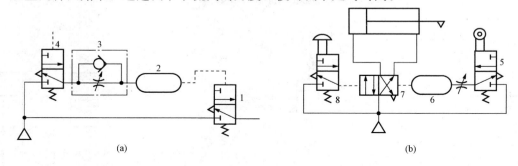

图 10-36　延时回路

（a）延时输出；（b）延时切换

1、4、5、7、8—换向阀；2、6—气罐；3—单向节流阀

3. 顺序动作回路

顺序动作是指在气动回路中，各个气缸按一定程序完成各自的动作，例如，单缸有单往复动作、二次往复动作、连续往复动作等，多缸有单往复或多往复顺序动作等。

以下介绍几种单缸往复动作回路。

（1）单往复动作回路。图 10-37 所示为三种单往复动作回路，其中，图 10-37（a）所示为利用行程阀控制的单往复动作回路，当按下阀 1 的手动按钮后，压缩空气使阀 3 切换到左位，活塞杆向前伸出（前进），当活塞杆上的挡铁碰到行程阀 2 后，阀 3 被切换到右位，活塞就返回。

图 10-37（b）所示为利用压力控制的单往复动作回路，当按下阀 1 的手动按钮后，阀 3 被切换至左位，这时压缩空气进入气缸的无杆腔，使活塞杆伸出（前进），同时气压还作用在顺序阀 4 上。当活塞达到终点后，无杆腔压力升高并打开顺序阀，使阀 3 又切换至右位，活塞杆就缩回。

图 10-37（c）所示为利用延时回路形成的时间控制单往复动作回路。当按下阀 1 的手动按钮后，阀 3 被切换到左位，气缸活塞杆伸出，当压下行程阀 2 后，延时一段时间后，阀 3 才能切换到右位，然后活塞杆再缩回。

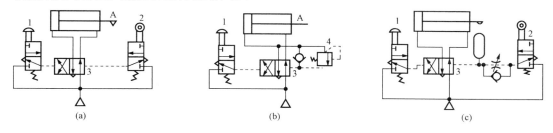

图 10-37 单往复动作回路

(a) 利用行程阀控制；(b) 利用压力控制；(c) 利用延时回路形成的时间控制
1—手动换向阀；2—行程换向阀；3—换向阀；4—顺序阀

由以上可知，在单往复动作回路中，每按下一次按钮，气缸就完成一次往复动作。

（2）连续往复动作回路。图 10-38 所示为一连续往复动作回路，它能完成连续的动作循环。当按下阀 1 的按钮后，阀 4 换向，活塞向前运动，这时，由于阀 3 复位而将气路封闭，使阀 4 不能复位，活塞继续前进。到行程终点压下行程阀 2，使阀 4 控制气路排气，在弹簧作用下阀 4 复位，气缸返回，在终点压下阀 3，在控制压力下阀 4 又被切换至左位，活塞再次前进。就这样一直连续往复，直到提起阀 1 的按钮后，阀 4 复位，活塞返回而停止运动。

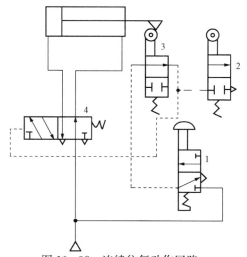

图 10-38 连续往复动作回路

1—手动换向阀；2、3—行程换向阀；4—换向阀

第六节　气压传动系统实例

气压传动技术是实现工业生产自动化、半自动化的方式之一，其应用十分普遍，本节介绍几个简单的气压传动系统。

一、公共汽车车门气压传动系统

采用气压控制的公共汽车车门，需要司机和售票员都可以开关门，这样就必须在司机座位和售票员座位处都装有气动开关，并且当车门在关闭的过程中遇到障碍物时，车门能够马上打开，起到安全保护的作用。

图 10-39 所示为公共汽车车门的气压控制系统原理图。车门的开关靠气缸 7 来实现，气缸是由双气控阀 4 来控制，而双控阀又由 A～D 的按钮阀来操纵，气缸运动速度的快慢通过调节单向节流阀 5 或 6 来控制。通过阀 A 或 B 使车门开启，通过阀 C 或 D 使车门关闭。起安全作用的行程阀 8 安装在车门上。

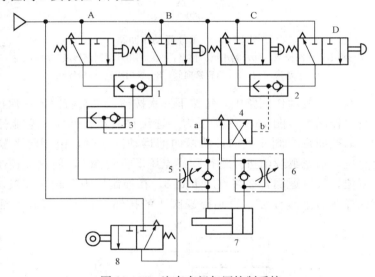

图 10-39　汽车车门气压控制系统

1、2、3—或门型梭阀；4—换向阀；5、6—单向节流阀；7—气缸；8—行程阀

当操纵按钮阀 A 或 B，气源压缩空气经阀 A 或 B 到阀 1，把控制信号送到阀 4 的 a 侧，使阀 4 向车门开启方向切换。气源压缩空气经阀 4 和阀 6 到气缸的有杆腔，使车门开启。

当操纵按钮 C 和 D 时，压缩空气经阀 C 或 D 到阀 2，把控制信号送到阀 4 的 b 侧，使阀 4 向车门关闭方向切换。气源压缩空气经阀 4 和阀 6 到气缸的无杆腔，使车门关闭。

车门在关闭的过程中如碰到障碍物，便推动阀 8，此时气源压缩空气经阀 8 把控制信号通过阀 3 送到阀 4 的 a 侧，使阀 4 向车门开启方向切换。必须指出，如果阀 C 或阀 D 仍然保持在压下状态，则阀 8 起不到自动开启车门的安全作用。

二、气动机械手气压传动系统

机械手是自动生产设备和生产线上的重要装置之一，它可以根据各种自动化设备的工作需要，按照预定的程序动作。因此，在机械加工、冲压、锻造、铸造、装配、热处理等生产过程中常用于搬运工件，以减轻工人的劳动强度；也可实现自动取料、上料、卸料、自动换刀的功能。气动机械手是机械手的一种，它具有结构简单、动作迅速、制造成本低等优点，应用十分广泛。

图 10-40 所示为用于某一专用设备上的气动机械手结构示意。它由四个气缸组成，可在三个坐标内工作。图 10-40 中，A 缸为夹紧缸，其活塞杆退回时夹紧工件；活塞杆伸出时松开工件；B 缸为长臂伸缩缸，可实现伸出和缩回动作；C 缸为主柱升降缸；D 缸为主柱回转缸，该气缸有两个活塞，分别装在带齿条的活塞杆两头，齿条的往复运动带动立柱上的齿轮旋转，从而实现立柱的旋转。

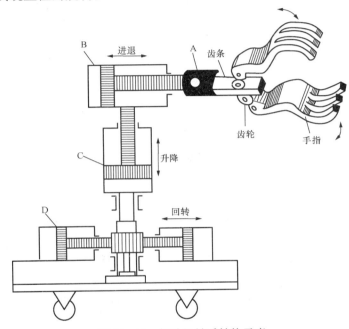

图 10-40　气动机械手结构示意

图 10-41 所示为气动机械手的气动系统工作原理图（手指部分为真空吸头，即为 A 气缸部分），要求其工作循环为立柱上升→伸臂→立柱顺时针转→真空吸头取工件→立柱逆时针转→缩臂→立柱下降。

三个气缸均由三位四通双电控换向阀 1、2、7 和单向节流阀 3、4、5、6 组成换向、调速回路。各气缸的行程位置均由电气行程开关进行控制。该机械手在工作循环中各电磁铁的动作顺序见表 10-1。

表 10-1　　　　　　　　　　　　　　机械手电磁铁动作顺序表

电磁铁　　　动作	1YA	2YA	3YA	4YA	5YA	6YA
垂直缸 C 上升				+		
水平缸 B 伸出				−	+	
回转缸 D 转位	+					
回转缸 D 复位	−	+				
水平缸 B 退回						+
垂直缸 C 下降			+			

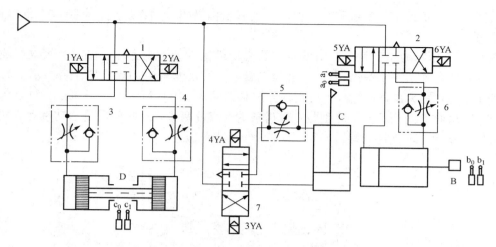

图 10-41　气动机械手的气动系统工作原理图
1、2、7—三位四通双电控换向阀；3～6—单向节流阀

下面结合表 10-1 来分析机械手的工作循环。

按下启动按钮，4YA 通电，阀 7 上位接入回路，压缩空气进入垂直缸 C 下腔，活塞杆上升。

当缸 C 活塞上的挡块碰到电气行程开关 a_1 时，4YA 断电，5YA 通电，阀 2 左位接入回路，水平气缸 B 活塞杆伸出，带动真空吸头进入工作点并吸取工件。

当缸 B 活塞上的挡块碰到电气行程开关 b_1 时，5YA 断电，1YA 通电，阀 1 左位接入回路，回转缸 D 顺时针方向转动，使真空吸头进入下料点下料。

当回转缸 D 活塞杆上的挡块压下电气行程开关 c_1 时，1YA 断电，2YA 通电，阀 1 右位接入回路，回转缸 B 复位。

回转缸复位时，其上挡块碰到电气行程开关 c_0 时，6YA 通电，2YA 断电，阀 2 右位接入回路，水平缸 B 活塞杆退回。

水平缸退回时，活塞上的挡块碰到行程开关 b_0，6YA 断电，3YA 通电，阀 7 下位接入回路，垂直缸活塞杆下降，到原位时，碰上电气行程开关 a_0，3YA 断电，至此完成一个工作循环，如再给启动信号，可进行同样的工作循环。

根据需要只要改变电气行程开关的位置，调节单向节流阀的开度，即可改变各气缸的运动速度和行程。

三、数控加工中心气动换刀系统

图 10-42 所示为用于某数控加工中心的气动换刀系统的原理图，该系统在换刀过程中实现主轴定位、主轴松刀、拔刀、向主轴锥孔吹气和插刀动作。换刀过程的电磁铁动作顺序见表 10-2。

下面结合表 10-2 来分析气动换刀系统工作原理。

数控机床发出换刀指令，主轴停止旋转，4YA 通电，压缩空气经气动三联件 1、换向阀 4 右位、单向节流阀 5 进入定位缸 A 的右腔，其活塞向左移动，主轴自动定位。

定位后压下无触点开关，6YA 通电，压缩空气经换向阀 6 右位、快速排气阀 8 进入气液增压器 B 上腔，增压器的高压油使其活塞杆伸出，实现主轴松刀。

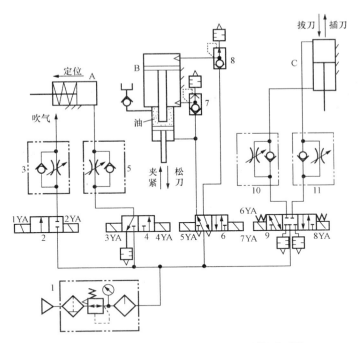

图 10 - 42　数控加工中心气动换刀系统原理图

表 10 - 2　　　　　　　　　　　　**电 磁 铁 动 作 顺 序 表**

动　作 ＼ 电 磁 铁	1YA	2YA	3YA	4YA	5YA	6YA	7YA	8YA
主轴定位				+				
主轴松刀						+		
拔刀								+
向主轴锥孔吹气	+							
插刀	−	+					+	
刀具夹紧					+	−		
复位			+	−				

　　松刀的同时，使 8YA 通电，压缩空气经换向阀 9 右位、单向节流阀 11 进入缸 C 的上腔，其活塞杆向下移动，实现拔刀动作。

　　回转刀库交换刀具，同时 1YA 通电，压缩空气经换向阀 2 左位、单向节流阀 3 向主轴锥孔吹气。

　　吹气片刻 1YA 断电、2YA 通电，停止吹气。8YA 断电、7YA 通电，压缩空气经换向阀 9 左位、单向节流阀 10 进入缸 C 下腔，其活塞杆上移，实现插刀动作。

　　之后，6YA 断电、5YA 通电，压缩空气经阀 6 左位进入气液增压器 B 下腔，其活塞退回，使刀具夹紧。

　　4YA 断电、3YA 通电，缸 A 活塞在弹簧力作用下复位，回复到初始状态，至此换刀结束。

本 章 小 结

　　(1) 气压传动系统由五部分组成：气源装置、控制元件、执行元件、辅助元件和传动介质。

　　(2) 气源装置及辅件。由空气压缩机产生的压缩空气必须经过冷却、干燥、净化等一系列处理以后才能用于传动系统，因此除空气压缩机外，气源装置还需包括冷却器、油水分离器、储气罐、干燥器及过滤器。除此之外，还需各种辅助元件如油雾器、消声器、转换器等。

　　(3) 气动执行元件包括实现直线往复运动或摆动的气缸和实现连续回转运动的气动马达。

　　(4) 气动控制元件包括压力控制阀、流量控制阀、方向控制阀和气动逻辑元件。

　　(5) 气动基本回路包括方向控制回路、压力控制回路、速度控制回路及其他一些常用回路。

　　(6) 本章还分析介绍了公共汽车车门、气动机械手以及数控加工中心气动换刀等一些气压传动系统实例。

复 习 思 考 题

10-1　总结气压传动与液压传动的异同点。

10-2　气压传动系统对压缩空气都有哪些要求？对压缩空气为什么必须进行净化处理？

10-3　简述气源装置组成及各设备的作用。

10-4　什么是气动三联件？各起什么作用？应按怎样的顺序安装？

10-5　如图 10-35 (a) 所示的双手同时操作回路为什么能起到保护操作者的作用？

习　　　题

10-1　试设计一双作用气缸动作之后单作用气缸才能动作的连锁回路，画出原理图。

10-2　试设计一种可以实现"快进→工进→快退"功能的气压传动系统，画出回路原理图。

10-3　现有一个单电控二位五通阀、两个单电控二位三通阀，请设计一个可使双作用气缸在运动中任意位置停止的回路。

10-4　现有一个单电控二位五通阀、一个单向节流阀、一个快速排气阀，请设计一个可使双作用气缸快速返回的回路。

第十一章　气动系统的安装、使用及维护

第一节　气动系统的安装及调试

一、气压传动系统的安装

1. 管道的安装

（1）安装前要检查管道内壁是否光滑，并进行除锈和清洗。

（2）管道支架要牢固，工作时不得产生振动。

（3）装紧各处接头，管路不允许漏气。

（4）管道焊接应符合规定标准的要求。

（5）管路系统中任何一段管道均可自由拆装。

（6）管道安装的倾斜度、弯曲半径、间距和坡向均要符合有关规定。

2. 元件的安装

（1）安装前应对元件进行清洗，必要时要进行密封试验。

（2）各类阀体上的箭头方向或标记，要符合气流流动方向。

（3）动密封圈不要装得太紧，尤其是 U 形密封圈，否则阻力太大。

（4）移动缸的中心线与负载作用力的中心线要同心，否则引起侧向力，使密封件加速磨损，活塞杆弯曲。

（5）各种自动控制仪表，自动控制器，压力继电器等，在安装前应进行校验。

二、气压传动系统的调试

1. 调试前的准备工作

（1）要熟悉说明书等有关技术资料，力求全面了解系统的原理、结构性能及操纵方法。

（2）了解需要调整的元件在设备上的实际位置、操纵方法及调节旋钮的旋向等。

（3）准备好调试工具及仪表。

2. 空载试运行

空载试运行不得少于 2h，注意观察压力、流量、温度的变化。

3. 负载试运行

负载运转应分段加载，运转不得少于 4h，分别测出有关数据，记入试车记录。

第二节　气动系统的使用及维护

气动系统的使用与维护保养是保证系统正常工作，减少故障发生，延长使用寿命的一项十分重要的工作。维护保养应及早进行，不应拖延到故障已发生，需要修理时才进行，也就是要进行预防性的维护保养。

一、气动系统的使用注意事项

（1）日常维护需对冷凝水和系统润滑进行管理。

（2）开车前后要放掉系统中的冷凝水。

（3）定期给油雾器加油。

（4）随时注意压缩空气的清洁度，对分水滤气器的滤芯要定期清洗。

（5）开车前检查各调节旋钮是否在正确位置，行程阀、行程开关、挡块的位置是否正确、牢固。对活塞杆、导轨等外露部分的配合表面进行擦拭后方能开车。

（6）长期不使用时，应将各旋钮放松，以免弹簧失效而影响元件的性能。

（7）间隔三个月需定期检修，一年应进行一次大修。

（8）对受压容器应定期检验，漏气、漏油、噪声等要进行防治。

二、气动系统的日常维护保养

（1）对冷凝水的管理。空气压缩机吸入的是含有水分的湿空气，经压缩后提高了压力，当再度冷却时就要析出冷凝水，侵入到压缩空气中，使管道和元件锈蚀。防止的方法就是要及时的排除系统各排水阀中积存的冷凝水，经常检查自动排水器、干燥器是否正常，定期清洗分水滤气器、自动排水器。

（2）对系统润滑的管理。气动系统中从控制元件到执行元件凡有相对运动的表面都需要润滑。如果润滑不当，会使摩擦力增大，导致元件动作不灵敏，因密封磨损会引起泄漏，润滑油的性质将直接影响润滑的效果。通常，高温环境下使用高黏度的润滑油，低温则使用低黏度的润滑油。在系统工作过程中，要经常检查油雾器是否正常，如发现油杯中油量没有减少，需要及时调整滴油量。

三、气动系统的故障排除

1. 气动系统的故障种类

由于故障发生的时期不同，故障的内容和原因也不同。因此，可将故障分为初期故障、突发故障和老化故障。

（1）初期故障。在调试阶段和开始运转的二至三个月内发生的故障称为初期故障。

（2）突发故障。系统在稳定运行时期内突然发生的故障称为突发故障。

（3）老化故障。个别或少数元件达到使用寿命后发生的故障称为老化故障。

2. 常见故障及其排除方法

气动系统常见故障、原因及排除方法可参见附录Ⅱ。

本　章　小　结

气动系统的安装和调试应按照规定要求进行，只有对气动系统进行正确地使用与维护保养，才能保证其正常工作。

复　习　思　考　题

11-1　气动系统管道的安装有何要求？

11-2　气动系统压力降过大的原因有哪些？

附录Ⅰ 液压系统常见故障、原因及排除方法

附表 1 **运动部件换向时的故障及排除方法**

故　障	原　因	排　除　方　法
换向有冲击	1. 活塞杆与运动部件连接不牢固； 2. 在缸端部换向，缓冲装置不起作用； 3. 电液换向阀中的节流螺钉松动； 4. 电液换向阀中的单向阀卡住或密封不良	1. 检查并紧固连接螺栓； 2. 在油路上设背压阀； 3. 检查、调节节流螺钉； 4. 检查及研修单向阀
换向冲击量大	1. 节流阀口有污物，运动部件速度不均； 2. 换向阀芯移动速度变化； 3. 油温高，油的黏度下降； 4. 导轨润滑油量过多，运动部件"漂浮"； 5. 系统泄漏油多，进入空气	1. 清洗流量阀节流口； 2. 检查电液换向阀节流螺钉； 3. 检查油温升高的原因并排除； 4. 调节润滑油压力或流量； 5. 严防泄漏，排除空气

附表 2 **系统产生噪声的原因及排除方法**

故　障	原　因	排　除　方　法
液压泵吸空引起连续不断的嗡嗡声并伴随杂声	1. 液压泵本身或其进油管路密封不良、漏气； 2. 油箱油量不足； 3. 液压泵进油管口滤油器堵塞； 4. 油箱不透空气； 5. 油液黏度太大	1. 拧紧泵的连接螺栓及管路各管螺母； 2. 将油箱油量加至油箱处； 3. 清洗滤油器； 4. 清理空气滤清器； 5. 油液黏度应适应
液压泵故障造成杂声	1. 轴向间隙因磨损而增大，输油量不足； 2. 泵内轴承、叶片等元件损坏或精度变差	1. 修磨轴向间隙； 2. 拆开检修并更换已损坏零件
控制阀处发出有规律或无规律的吱嗡吱嗡的刺耳噪声	1. 调压弹簧永久变形、扭曲或损坏； 2. 阀座磨损、密封不良； 3. 阀芯拉毛、变形、移动不灵活甚至卡死； 4. 阻尼小孔被堵塞； 5. 阀芯与阀孔配合间隙大，高低压油互通； 6. 阀开口小、流速高、产生空穴现象	1. 更换弹簧； 2. 修研阀座； 3. 修研阀芯、去毛刺，使阀芯移动灵活； 4. 清洗、疏通阻尼孔； 5. 研磨阀孔，重配新阀芯； 6. 应尽量减小进、出口压差
机械振动引起噪声	1. 液压泵与电动机安装不同轴； 2. 油管振动或互相撞击； 3. 电动机轴承磨损严重	1. 重新安装或更换柔性联轴器； 2. 适当加设支承管夹； 3. 更换电动机轴承
液压冲击声	1. 液压缸缓冲装置失灵； 2. 背压阀调整压力变动； 3. 电液换向阀端的单向节流阀故障	1. 进行检修和调整； 2. 进行检查、调整； 3. 调节节流螺钉、检修单向阀

附表 3 **系统运转不起来或压力提不高的原因及排除方法**

故 障 部 位	原 因	排 除 方 法
液压泵电动机	1. 电动机线接反； 2. 电动机功率不足，转速不够高	1. 调换电动机接线； 2. 检查电压、电流大小，采取措施
液压泵	1. 泵进、出油口接反； 2. 泵轴向、径向间隙过大； 3. 泵体缺陷造成高、低压腔互通； 4. 叶片泵叶片与定子内面接触不良或卡死； 5. 柱塞泵柱塞卡死	1. 调换吸、压油管位置； 2. 检修液压泵； 3. 更换液压泵； 4. 检修叶片及修研定子内表面； 5. 检修柱塞泵
控制阀	1. 压力阀主阀芯或锥阀芯卡死在开口位置； 2. 压力阀弹簧断裂或永久变形； 3. 某阀芯泄漏严重以致高、低压油路连通； 4. 控制阀阻尼孔被堵塞； 5. 控制阀的油口接反或接错	1. 清洗、检修压力阀，使阀芯移动灵活； 2. 更换弹簧； 3. 检修阀，更换已损坏的密封件； 4. 清洗、疏通阻尼孔； 5. 检查并纠正接错的管路
液压油	1. 黏度过高，吸不进或吸不足油； 2. 黏度过低，泄漏太多	1. 用指定黏度的液压油； 2. 用指定黏度的液压油

附表 4 **运动部件速度达不到或不运动的原因及排除方法**

故 障 部 位	原 因	排 除 方 法
控制阀	1. 流量阀的节流小孔被堵塞； 2. 互通阀卡住在互通位置	1. 清洗、疏通节流孔； 2. 检修互通阀
液压缸	1. 装配精度或安装精度超差； 2. 活塞密封圈损坏、缸内泄漏严重； 3. 间隙密封的活塞、缸壁磨损过大，内泄漏多； 4. 缸盖处密封圈摩擦力过大； 5. 活塞杆处密封圈磨损严重或损坏	1. 检查、保证达到规定的精度； 2. 更换密封圈； 3. 修研缸内孔，重配新活塞； 4. 适当调松压盖螺钉； 5. 调紧压盖螺钉或更换
导轨	1. 导轨无润滑油或润滑不充分，摩擦阻力大； 2. 导轨的楔铁、压板调得过紧	1. 调节润滑油量和压力，使润滑充分； 2. 重新调整楔铁、压板，使松紧合适

附表 5 **运动部件产生爬行的原因及排除方法**

故 障 部 位	原 因	排 除 方 法
控制阀	流量阀的节流口处有污物，通油量不均匀	检修或清洗流量阀
液压缸	1. 活塞式液压缸端盖密封圈压得太死； 2. 液压缸中进入的空气未排净	1. 调整压盖螺钉（不漏油即可）； 2. 排气
导轨	1. 接触精度不好，摩擦力不均匀； 2. 润滑油不足或选用不当； 3. 温度高使油黏度变小、油膜破坏	1. 检修导轨； 2. 调节润滑油量，选用适合的润滑油； 3. 检查油温高的原因并排除

附表6　　　　　　　　　**工作循环不能正确实现的原因及应采取的措施**

故　　障	原　　因	排　除　方　法
液压回路间互相干扰	1. 同一泵供油的各液压缸压力、流量差别大； 2. 主油路与控制油路用同一泵供油，当主油路卸荷时，控制油路压力太低	1. 改用不同泵供油或用控制阀（单向阀、减压阀、顺序阀等）使油路互不干扰； 2. 在主油路上设控制阀，使控制油路始终有一定压力，能正常工作
控制信号不能正确发出	1. 行程开关、压力继电器开关接触不良； 2. 某元件的机械部分卡住（如弹簧、杠杆）	1. 检查及检修各开关接触情况； 2. 检修有关机械结构部分
控制信号不能正确执行	1. 电压过低，弹簧过软或过硬使电磁阀失灵； 2. 行程挡块位置不对或未紧牢固	1. 检查电路的电压，检查电磁阀； 2. 检查挡块位置并将其固紧

附录Ⅱ　气动系统常见故障、原因及排除方法

附表7　　　　　　　　　**减压阀常见故障及排除方法**

故障部位	产生故障的可能原因	排　除　方　法
二次压力上升	1. 阀弹簧损坏； 2. 阀座有伤痕，或阀座橡胶剥离； 3. 阀体中夹入灰尘，阀导向部分黏附异物； 4. 阀芯导向部分和阀体的O形密封圈收缩、膨胀	1. 更换阀弹簧； 2. 更换阀体； 3. 清洗、检查滤清器； 4. 更换O形密封圈
压力降很大（流量不足）	1. 阀口径小； 2. 阀下部积存冷凝水，阀内混入异物	1. 使用口径大的减压阀； 2. 清洗、检查滤清器
向外漏气（阀的溢流孔处泄漏）	1. 溢流阀座有伤痕（溢流式）； 2. 膜片破裂； 3. 二次压力升高； 4. 二次侧背压增加	1. 更换溢流阀座； 2. 更换膜片； 3. 参看二次压力上升栏； 4. 检查二次侧的装置回路
异常振动	1. 弹簧的弹力减弱，弹簧错位； 2. 阀体的中心，阀杆的中心错位； 3. 因空气消耗量周期变化使阀不断开启、关闭，与减压阀引起共振	1. 把弹簧调整到正常位置，更换弹力减弱的弹簧； 2. 检查并调整位置偏差； 3. 和制造厂协商
虽已松开手柄，二次侧空气也不溢流	1. 溢流阀座孔堵塞； 2. 使用非溢流式调压阀	1. 清洗并检查滤清器； 2. 非溢流式调压阀松开手柄也不溢流，因此需要在二次侧安装溢流阀
阀体泄漏	1. 密封件损伤； 2. 弹簧松弛	1. 更换密封件； 2. 调整弹簧刚度

附表 8   **溢流阀常见故障及排除方法**

故障现象	产生故障的可能原因	排除方法
压力虽已上升但不溢流	1. 阀内部孔堵塞； 2. 阀芯导向部分进入异物	1. 清洗； 2. 清除异物
压力虽没有超过设定值，但在二次侧却溢出空气	1. 阀内进入异物； 2. 阀座损伤； 3. 调压弹簧坏	1. 清洗； 2. 更换阀座； 3. 更换调压弹簧
溢流时发生振动（主要发生在膜片式阀，其启闭压力差较小）	1. 压力上升速度很慢，溢流阀放出流量多，引起阀振动； 2. 因从压力上升源到溢流阀之间被节流，阀前部压力上升慢而引起振动	1. 二次侧安装针阀微调溢流量，使其与压力上升量匹配； 2. 增大压力上升源到溢流阀的管道口径
从阀体和阀盖向外漏气	1. 膜片破裂（膜片式）； 2. 密封件损伤	1. 更换膜片； 2. 更换密封件

附表 9   **方向阀常见故障及排除方法**

故障现象	产生故障的可能原因	排除方法
不能换向	1. 阀的滑动阻力大，润滑不良； 2. O 形密封圈变形； 3. 粉尘卡住滑动部分； 4. 弹簧损坏； 5. 阀操纵力小； 6. 活塞密封圈磨损	1. 进行润滑； 2. 更换密封圈； 3. 清除粉尘； 4. 更换弹簧； 5. 检查阀操作部分； 6. 更换密封圈
阀产生振动	1. 空气压力低（先导型）； 2. 电源电压低（电磁阀）	1. 提高操纵压力，采用直动型； 2. 提高电源电压，使用低电压线圈
交流电磁铁有蜂鸣声	1. 块状活动铁芯密封不良； 2. 粉尘进入块状、层叠型铁芯的滑动部分，使活动铁芯不能密切接触； 3. 层叠活动铁芯的铆钉脱落，铁芯叠层分开不能吸合； 4. 短路环损坏； 5. 电源电压低； 6. 外部导线拉得太紧	1. 检查铁芯接触和密封型，必要时更换铁芯组件； 2. 清除粉尘； 3. 更换活动铁芯； 4. 更换固定铁芯； 5. 提高电源电压； 6. 引线座宽裕
电磁铁动作时间偏差大，或有时不能动作	1. 活动铁芯锈蚀，不能移动；在湿度高的环境中使用气动元件时，由于密封不完善而向磁铁部分泄漏空气； 2. 电源电压低； 3. 粉尘等进入活动铁芯的滑动部分，使运动状况恶化	1. 铁芯除锈，修理好对外部的密封，更换铁芯组件； 2. 提高电源电压或使用符合电压的线圈； 3. 清除粉尘
线圈烧毁	1. 环境温度高； 2. 快速循环使用时； 3. 因为吸引时电流大，单位时间耗电多，温度升高，使绝缘损坏而短路； 4. 粉尘夹在阀和铁芯之间，不能吸引活动铁芯； 5. 线圈上残余电压	1. 按产品规定温度范围使用； 2. 使用高级电磁阀； 3. 使用气动逻辑电路； 4. 清除粉尘； 5. 使用正常电源电压，使用符合电压的线圈
切断电源活动铁芯不能退回	粉尘夹入活动铁芯滑动部分	清除粉尘

附表 10 气缸常见故障及排除方法

故障现象	产生故障的可能原因	排除方法
外泄漏（活塞杆与密封衬套间漏气、气缸体与端盖间漏气、从缓冲装置的调节螺钉处漏气）	1. 衬套密封去磨损，润滑油不够； 2. 活塞杆偏心； 3. 活塞杆有伤痕； 4. 活塞杆与密封衬套的配合面内有杂质； 5. 密封圈损坏	1. 更换衬套密封圈； 2. 重新安装，使活塞杆不受偏心负荷； 3. 更换活塞杆； 4. 除去杂质、安装防尘盖； 5. 更换密封圈
内泄漏（活塞两端串气）	1. 活塞密封圈损坏； 2. 润滑不良，滑塞被卡住； 3. 活塞配合面有缺陷，杂质挤入密封圈	1. 更换活塞密封圈； 2. 重新安装，使活塞杆不受偏心负荷； 3. 缺陷严重者更换零件，除去杂质
输出力不足，动作不平稳	1. 润滑不良； 2. 活塞或活塞杆卡住； 3. 气缸体内表面有锈蚀或缺陷； 4. 进入了冷凝水、杂质	1. 调节或更换油雾器； 2. 检查安装情况，清除偏心视缺陷大小再决定排除故障方法； 3. 加强对分水滤气器和油水分离器的管理； 4. 定期排放污水
缓冲效果不好	1. 缓冲部分的密封圈密封性能差； 2. 调节螺钉损坏； 3. 气缸速度太快	1. 更换密封圈； 2. 更换调节螺钉； 3. 研究缓冲机构的结构是否合适
损伤（活塞杆折断端盖损坏）	1. 有偏心负荷； 2. 摆动气缸安装销的摆动面与负荷摆动面不一致，摆动轴销的摆动角过大负荷很大，摆动速度又快； 3. 有冲击装置的冲击加到活塞杆上，活塞杆承受负荷的冲击，气缸的速度太快； 4. 缓冲机构不起作用	1. 调整安装位置，清除偏心，使轴销摆角一致； 2. 确定合理的摆动速度； 3. 冲击不得加在活塞杆上，设置缓冲装置； 4. 在外部或回路中设置缓冲机构

附录Ⅲ 常用液压与气动元件图形符号
（摘自 GB/T 786.1—2009）

附表 11 基本符号、管路及连接图形符号

名 称	符 号	名 称	符 号
工作管路	——————	管端连接于油箱底部	⊥
控制管路	- - - - - - - - -	密闭油箱	⊖
连接管路	┴ ┷	不带连接措施排气口	▷
交叉管路	┼	带连接措施排气口	▷

名　称	符　号	名　称	符　号
柔性管路		带单向阀快换接头	
组合元件线		不带单向阀快换接头	
管端在液面以上油箱		单通路旋转接头	
管端在液面以下的油箱		三通路旋转接头	

附表 12　　　　控制机构和控制方法图形符号

名　称	符　号	名　称	符　号
按钮式人力控制		单向滚轮式机械控制	
手柄式人力控制		单作用电磁控制	
踏板式人力控制		双作用电磁控制	
顶杆式机械控制		电动机旋转控制	
弹簧控制		加压或卸压控制	
滚轮式机械控制		内部压力控制	
外部压力控制		电—液先导控制	
气压先导控制		电—气先导控制	
液压先导控制		液压先导泄压控制	
液压二级先导控制		电反馈控制	
气—液先导控制		差动控制	

附表 13 泵、马达和缸图形符号

名　称	符　号	名　称	符　号
单向定量液压泵	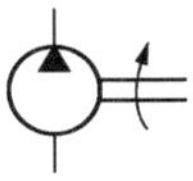	变量液压泵—马达	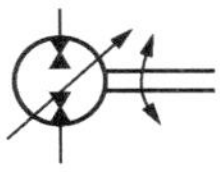
双向定量液压泵	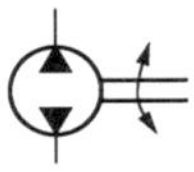	液压整体式传动装置	
单向变量液压泵	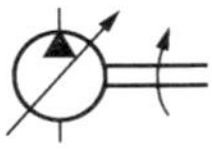	摆动马达	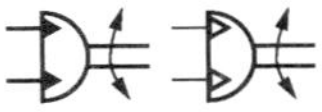
双向变量液压泵	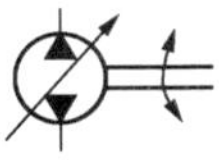	单向定量马达	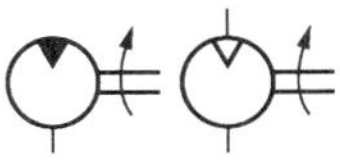
定量液压泵—马达	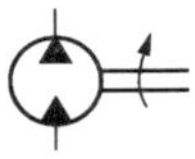	双向定量马达	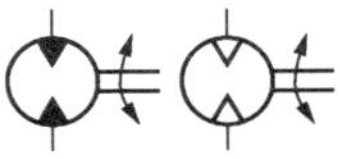
单向变量马达	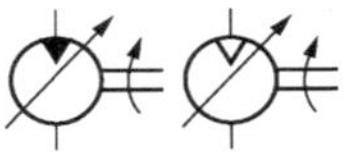	双作用单活塞杆缸	
双向变量马达	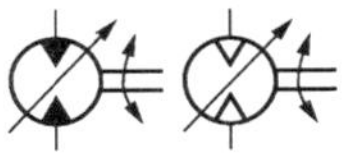	双作用双活塞杆缸	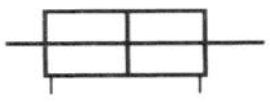
单向缓冲缸		单作用伸缩缸	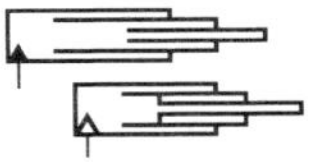
双向缓冲缸	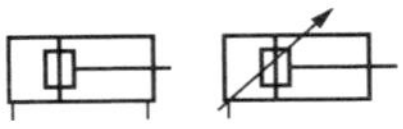	双作用伸缩缸	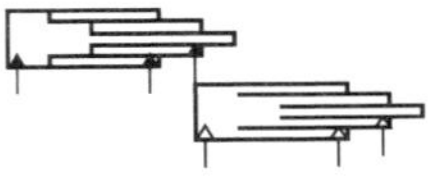
单作用弹簧复位缸		增压器	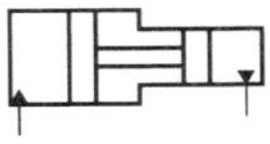

附表 14 控制元件图形符号

名　称	符　号	名　称	符　号
直动型溢流阀	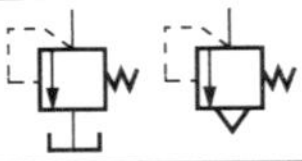	溢流减压阀	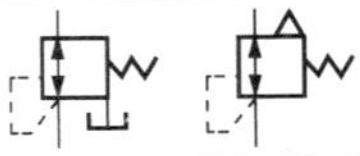
先导型溢流阀	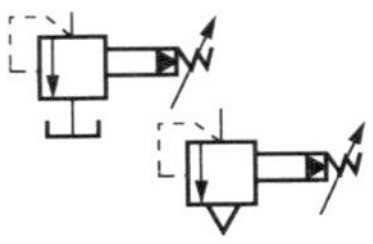	先导型比例电磁式溢流减压阀	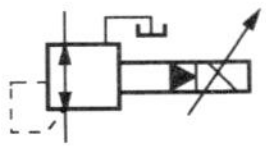
先导型比例电磁式溢流阀	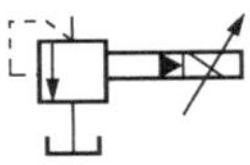	定比减压阀	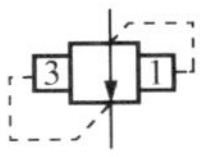

续表

名　称	符　号	名　称	符　号
卸荷溢流阀		定差减压阀	
双向溢流阀		直动型减压阀	
直动型顺序阀		带消声器的节流阀	
先导型顺序阀		调速阀	
单向顺序阀（平衡阀）		温度补偿型调速阀	
先导型减压阀		旁通型调速阀	
直动型卸荷阀		单向调速阀	
制动阀		分流集流阀	
不可调节流阀		集流阀	
可调节流阀		分流阀	
可调单向节流阀		单向阀	
减速阀		液控单向阀	
液压锁		二位四通换向阀	
或门型梭阀		二位五通换向阀	

名　　称	符　　号	名　　称	符　　号
与门型梭阀		三位四通换向阀	
快速排气阀		三位五通换向阀	
二位二通换向阀		四通电液伺服阀	
二位三通换向阀			

附表 15　　　　　　　　辅 助 元 件 图 形 符 号

名　　称	符　　号	名　　称	符　　号
过滤器		空气干燥器	
磁芯过滤器		气罐	
污染指示过滤器		压力计	
分水排水器	人工　　自动	液面计	
空气过滤器	人工　　自动	温度计	
除油器	人工　　自动	流量计	
压力继电器		蓄能器	
消声器		液压源	
油雾器		气压源	
气源调节装置		电动机	
冷却器		原动机	
加热器		气—液转换器	

参 考 文 献

[1] 雷天觉. 新编液压工程手册. 北京：北京理工大学出版社，2003.

[2] 张群生. 液压与气压传动. 2版. 北京：机械工业出版社，2011.

[3] 李鄂民. 液压与气压传动. 北京：机械工业出版社，2001.

[4] 姜佩东. 液压与气动技术. 北京：高等教育出版社，2000.

[5] 陈海魁. 机械基础. 3版. 北京：中国劳动社会保障出版社，2001.

[6] 颜荣庆，李自光，贺尚红. 现代工程机械液压与液力系统——基本原理、故障分析与排除. 北京：人民交通出版社，2001.

[7] 季明善. 液气压传动. 2版. 北京：机械工业出版社，2012.

[8] 屈圭. 液压与气压传动. 北京：机械工业出版社，2004.

[9] 黄志坚. 液压设备故障分析与技术改进. 武汉：华中理工大学出版社，1999.

[10] 陆望龙. 实用液压机械故障排除与修理大全. 长沙：湖南科学技术出版社，2002.

[11] 袁承训. 液压与气压传动. 2版. 北京：机械工业出版社，2004.

[12] 丁树模. 液压传动. 3版. 北京：机械工业出版社，2009.

[13] 刘忠伟. 液压与气压传动. 2版. 北京：化学工业出版社，2011.

[14] 兰建设. 液压与气压传动. 北京：高等教育出版社，2002.

[15] 姚新，刘民钢. 液压与气动. 2版. 北京：中国人民大学出版社，2000.

[16] 左健民. 液压与气压传动. 4版. 北京：机械工业出版社，2011.

[17] 李芝. 液压传动. 2版. 北京：机械工业出版社，2009.

[18] 中国机械工业教育协会. 液压与气压传动. 北京：机械工业出版社，2001.